Makeup Design Book

김선영·이경은

JN444240

청구문화사

Makeup Design Book

FACE PROPORTION

• 얼굴의 명칭

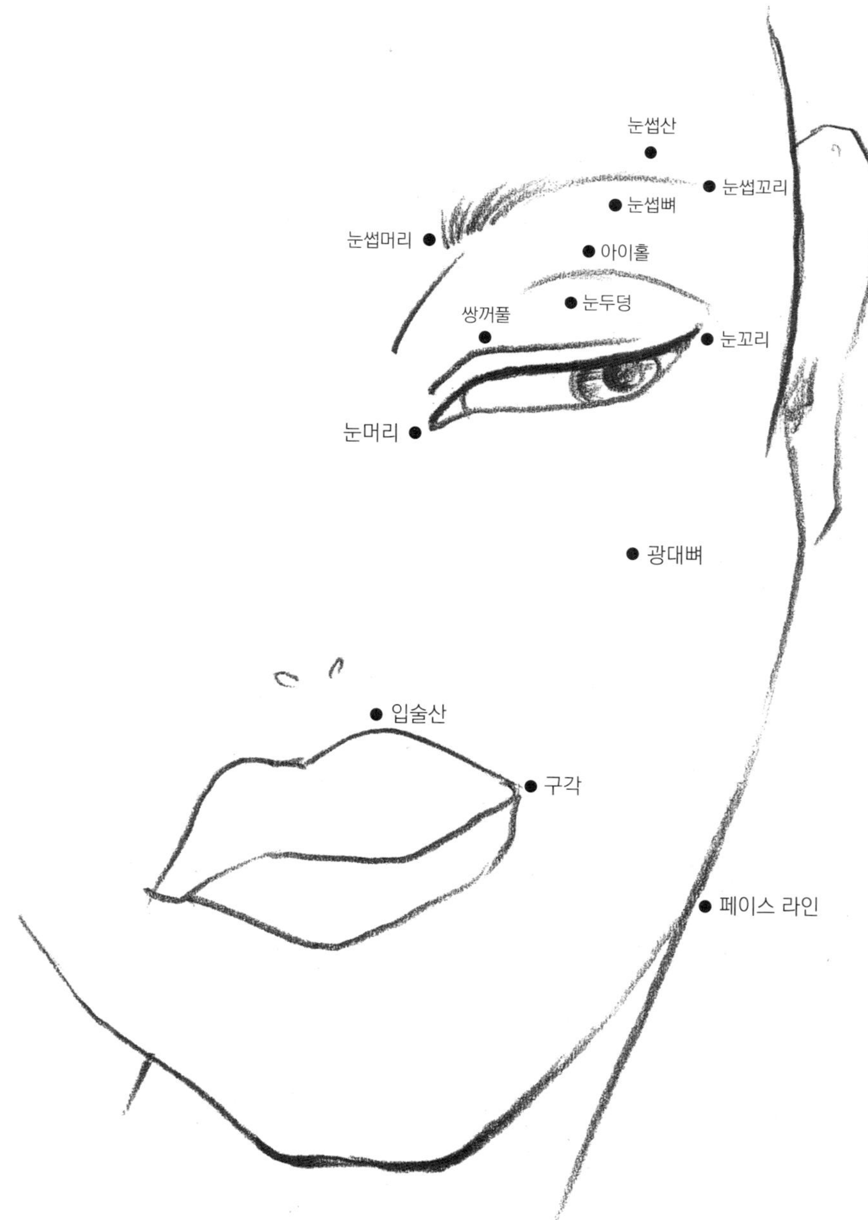

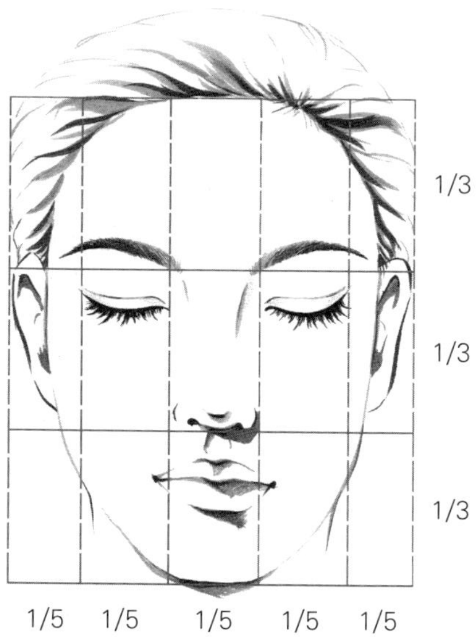

• 얼굴의 균형도

얼굴의 이상적인 비율을 표현. 동양인 얼굴의 가로길이와 세로길이의 비율은 1:1.3, 서양인은 1:1.5로 달걀형을 이상형으로 본다.

얼굴의 정면을 세로분할로 3등분하면 헤어라인에서 눈썹, 눈썹에서 코끝, 코끝에서 턱까지 1:1:1이며, 가로분할은 귀에서 눈꼬리, 눈꼬리에서 눈머리, 눈머리에서 반대 눈머리, 반대 눈머리에서 눈꼬리, 반대 꼬리에서 귀까지 5등분한다.

Eye Brows Makeup

- **Line** 눈썹 뿌리에 힘을 주어 사선방향으로 그려준다.

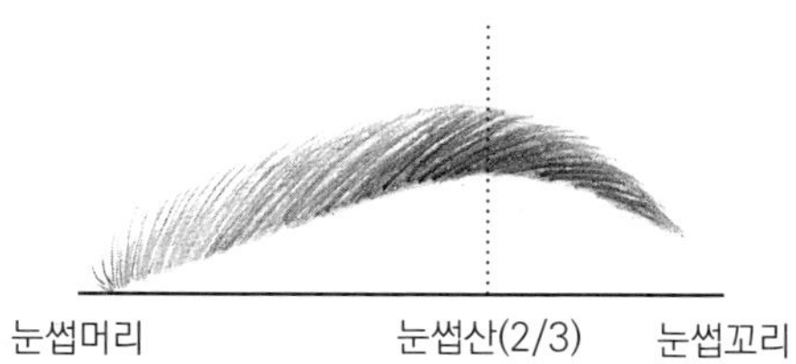

기본형: 일반적 형태로 모든 얼굴에 잘 어울린다.
각진형: 세련되고 지적인 이미지로 둥근 얼굴에 어울린다.
아치형: 여성스럽고 우아한 이미지로 성숙한 느낌을 준다. 각진 얼굴이나 역삼각형 얼굴에 적당하다.
직선형: 활동적이고 남성적 이미지로 긴 얼굴에 어울린다.
화살형: 동적이고 강한 이미지를 주며 눈이 작아 보일 수 있다. 둥근 얼굴이나 각진 얼굴에 적당하다.

EYE BROWS STYLE

기본형

각진형

아치형

직선형

화살형

Eye Brows Style

기본형

각진형

아치형

직선형

화살형

Eye Brows Style

기본형

각진형

아치형

직선형

화살형

Eye Brows Style

기본형

각진형

아치형

직선형

화살형

Eye Makeup

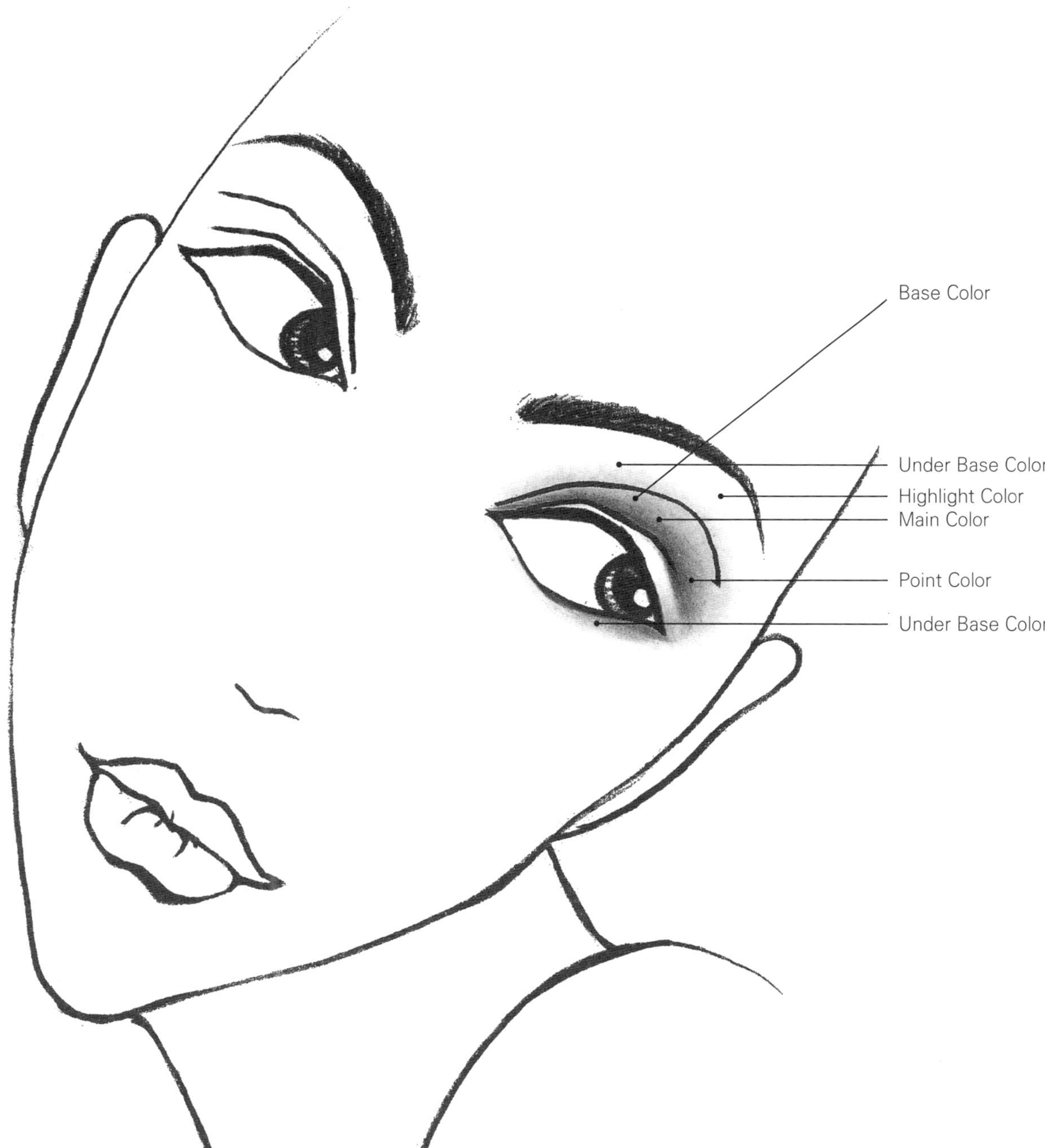

- 눈 주위에 색감과 음영을 주어 입체감을 강조하며, 눈매 수정의 효과를 준다.
  색상은 계절, T·P·O, 의상색, 트렌드 컬러 등에 맞추어 선택하며 눈의 형태를 고려해야 한다.

- **아이섀도우 기본 컬러**

  언더 베이스 컬러(Under Base Color) : 화이트, 아이보리 컬러로 눈두덩 전체에 발라주어 색감이 잘 표현되도록 한다.

  베이스 컬러(Base Color) : 메인 컬러를 보조한다.

  메인 컬러(Main Color) : 음영을 주고자하는 부분에 칠하며 포인트 컬러보다 연한 색상으로 전체적인 분위기를 표현한다.

  포인트 컬러(Point Color) : 아이섀도우 중 가장 진한 컬러로 음영을 주어 입체감을 표현한다.

  하이라이트 컬러(Highlight Color) : 눈썹뼈에 밝은 색상으로 칠하여 돌출되어 입체적으로 보이도록 표현한다.

  언더 컬러(Under Color) : 기본적으로 사용된 포인트, 메인, 베이스 색상을 이용하여 눈꼬리에서 2/3지점까지 자연스럽게 표현해준다.

EYE MAKEUP

Horizontal Gradation

Vertical Gradation

Interior Eye Hall Gradation

Exterior Eye Hall Gradation

- **아이섀도우 기본 패턴**

  수평 그라데이션(Horizontal Gradation) : 아이 홀에서 아이라인까지 수평으로 그라데이션하는 패턴

  수직 그라데이션(Vertical Gradation) : 눈앞머리에서 눈꼬리까지 수직으로 그라데이션하는 패턴

  안쪽 아이홀(Interior Eye Hall Gradation) : 아이홀 안쪽 패턴으로 눈앞머리에서 눈꼬리쪽으로 사선으로 표현하며 눈의 입체감을 강조한 그라데이션하는 패턴

  바깥쪽 아이홀(Exterior Eye Hall Gradation) : 아이홀 바깥으로 그라데이션하여 입체감을 강조하는 패턴으로 주로 무대메이크업에서 사용된다.

Eye Makeup

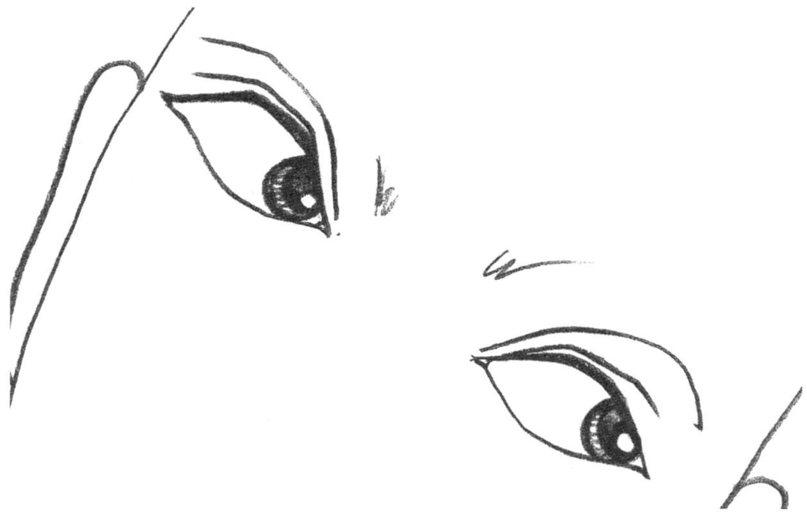

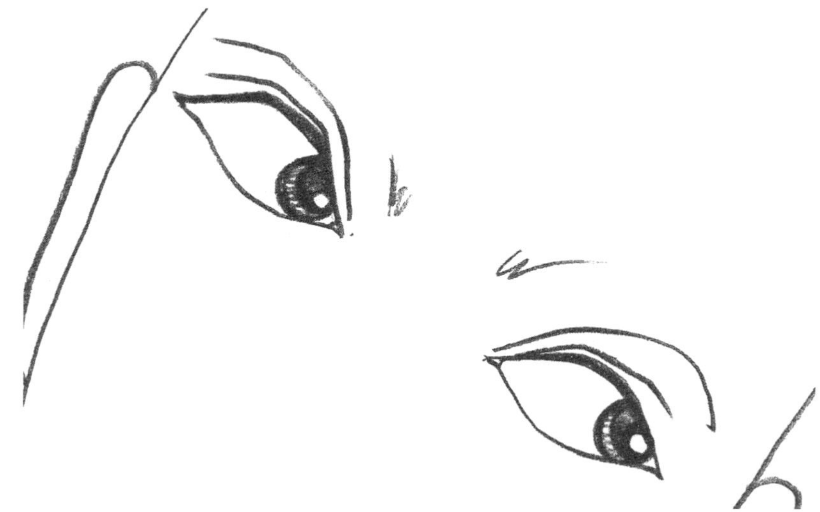

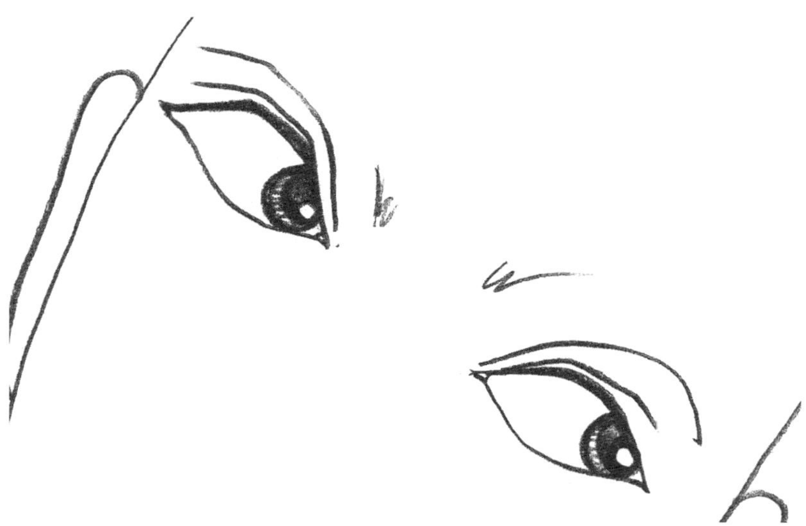

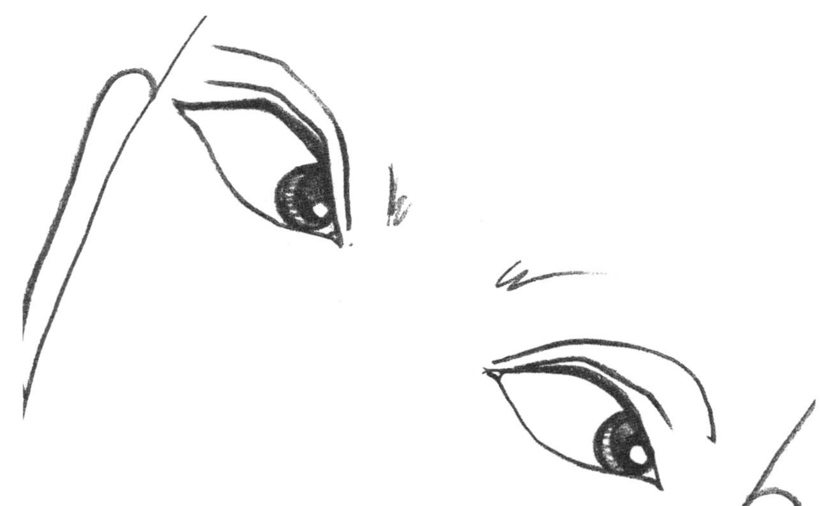

Eye Makeup

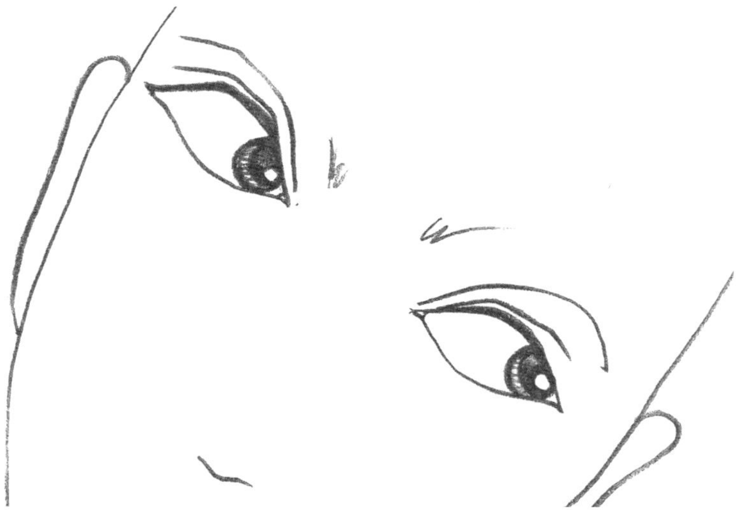

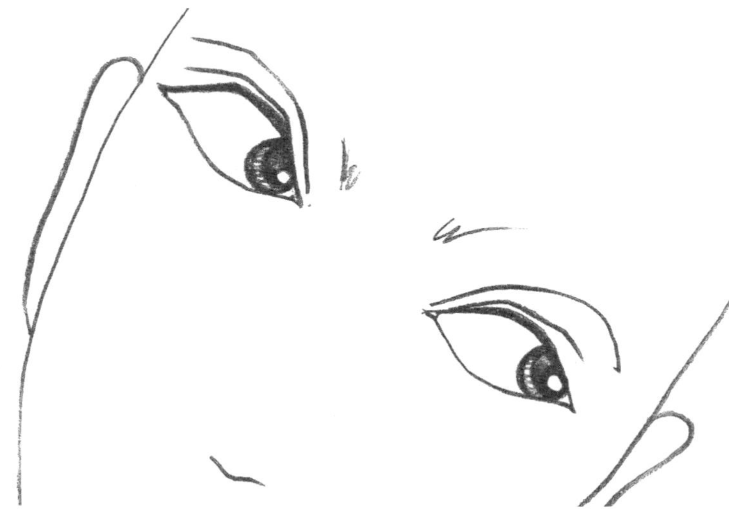

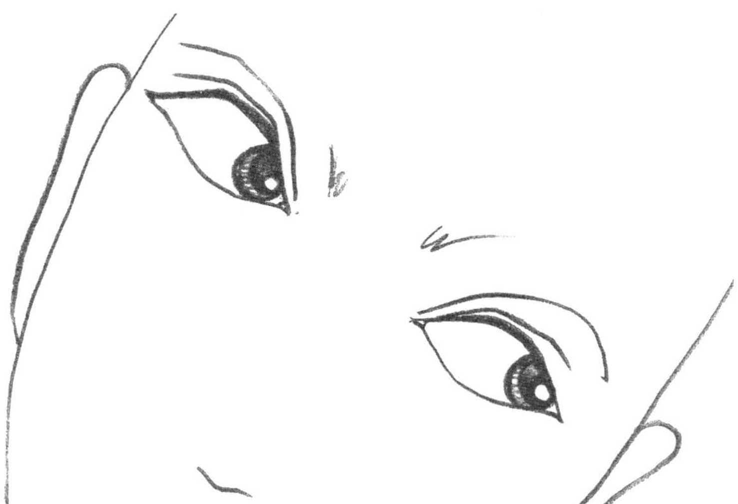

LIP MAKEUP

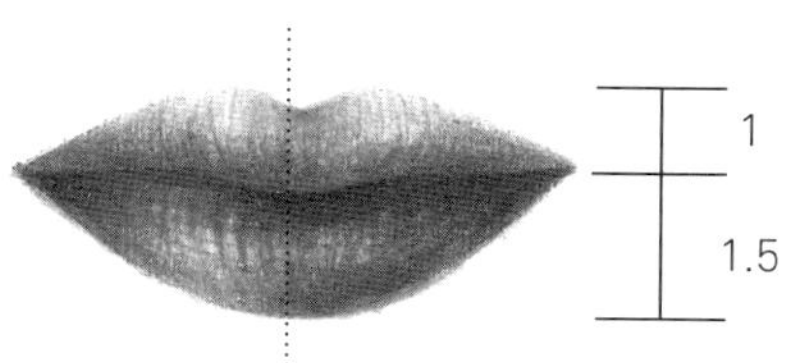

- **기본형** : 색상을 이용하여 음영과 혈색을 부여해주며 여성미를 강조하여 포인트 메이크업을 할 수 있다. 입술의 형태를 수정하여 단점을 보완하고 얼굴 전체의 균형을 맞출 수 있다.
- **입술의 기본 형태**

  인 커브(In-Curve) : 입술을 줄여 그리는 테크닉으로 여성스럽고 귀여운 이미지

  아웃 커브(Out-Curve) : 입술을 늘려 그리는 테크닉으로 성숙하고 섹시한 이미지

  스트레이트 커브(Straight-Curve) : 입술선을 직선으로 그리는 테크닉으로 지적이고 세련된

Straight-Curve

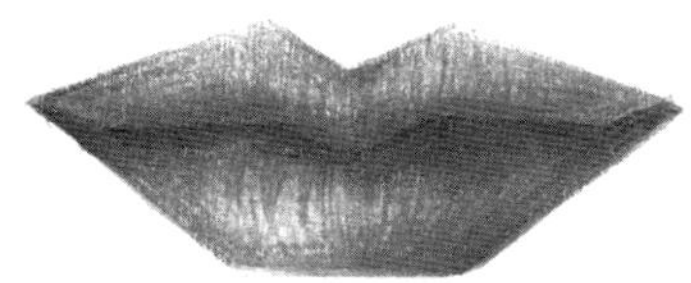

In-Curve

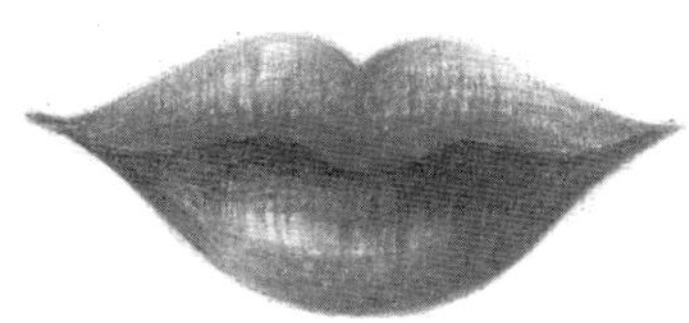

Out-Curve

BLUSHER MAKEUP

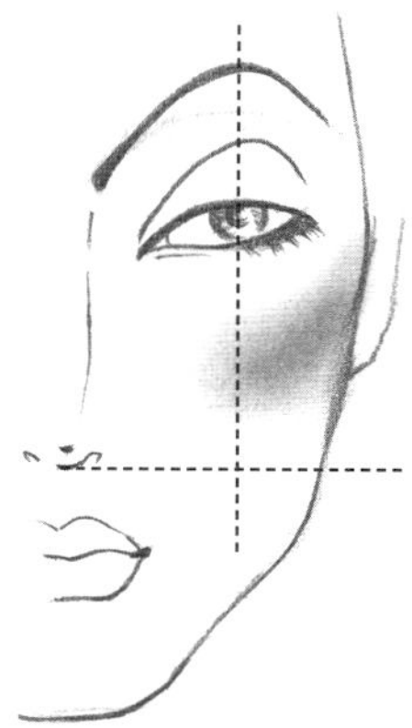

- **기본 위치** : 얼굴 정면을 본 상태에서 코끝에서 귀밑을 지나는 가로선과 눈동자 중앙을 수직으로 내린 선이 만나는 선을 기준하여 바깥쪽 부분에 위치한다.
- **얼굴스타일에 따른 블러셔**
  둥근 얼굴 : 입꼬리나 턱끝을 향해 직선느낌으로 표현
  긴 얼굴 : 가로느낌으로 표현
  역삼각, 마름모 얼굴 : 코끝을 향하도록 둥글려 표현
  각진 얼굴 : 애플존이나 코끝이나 입꼬리를 향하도록 둥글게 표현
- **이미지에 따른 블러셔**
  귀여운 이미지 : 애플존으로 볼 중앙부위에 둥글게 표현
  활동적 이미지 : 볼 뼈를 감싸듯이 사선방향으로 표현
  여성스럽고 지적인 이미지 : 관자놀이에서 볼 뼈 중앙을 향하도록 표현

FACE SHAPE

사람의 얼굴형은 몇가지 혼합되어 있으나 대표적으로 달갈 얼굴, 각진얼굴, 둥근 얼굴, 긴 얼굴, 역삼각형 얼굴, 다이아몬드 얼굴로 나눌 수 있다. 이상적인 얼굴을 만들기 위해 하이라이트와 섀딩, 눈썹의 형태, 블러셔의 위치에 따라 수정·보완 메이크업을 완성할 수 있다.

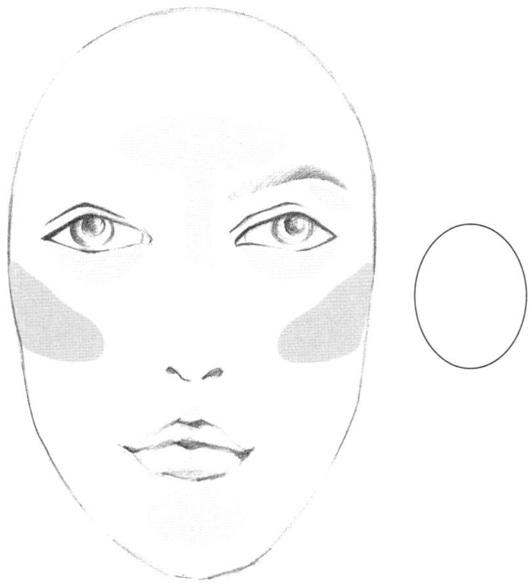

달갈형(기본형) Oval Face

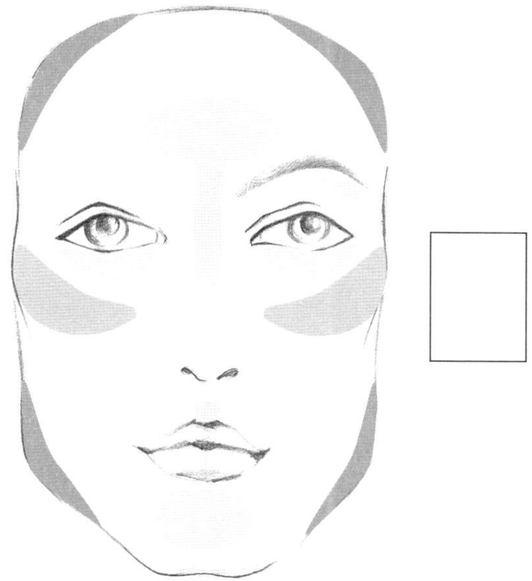

각진형 Square Face

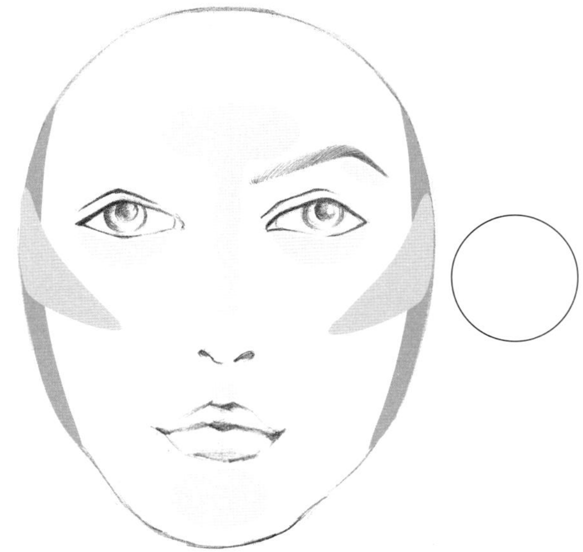

둥근형 Round Face

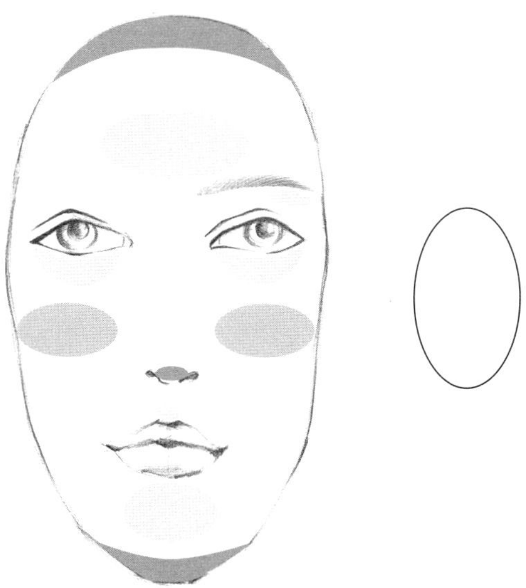

긴형 Long Face

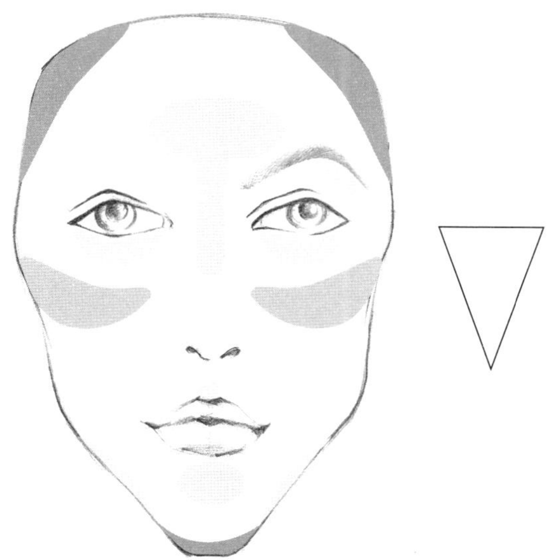

역삼각형 Heart Face

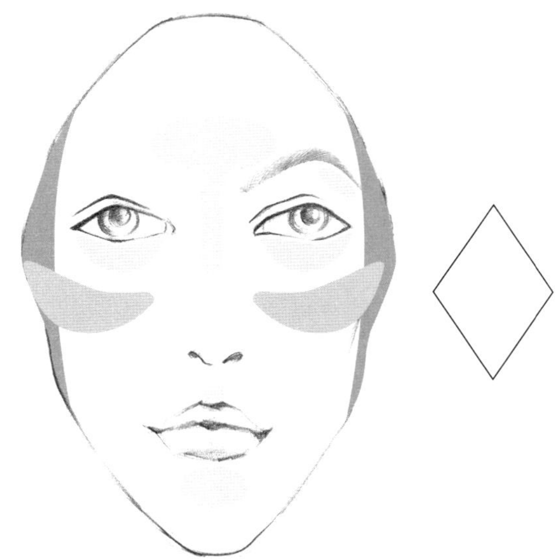

마름모형 Diamond Face

Oval Face

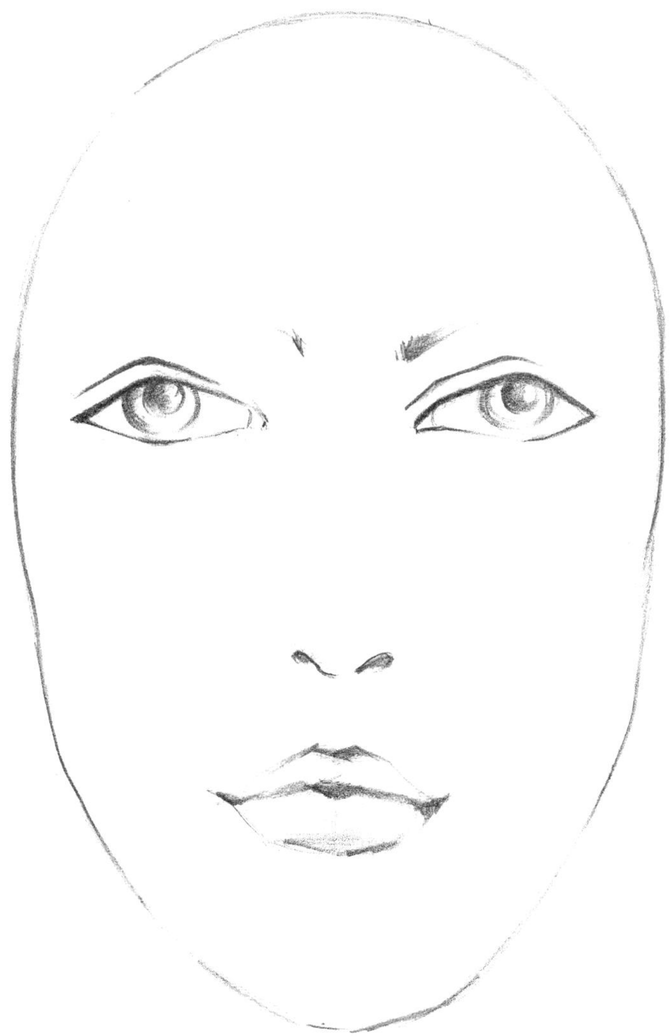

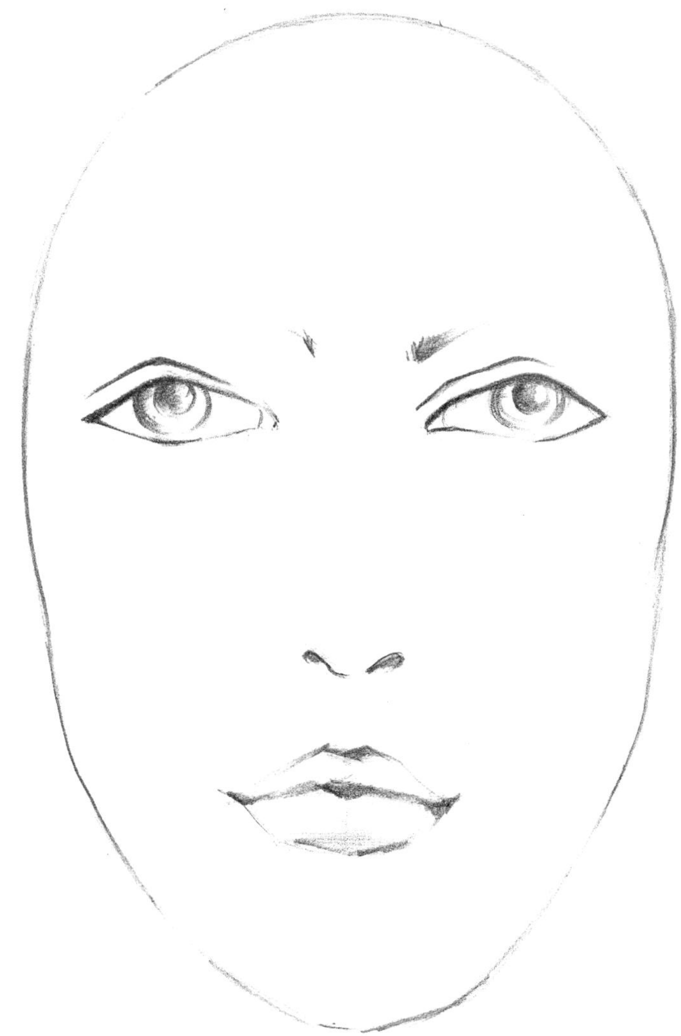

Square Face

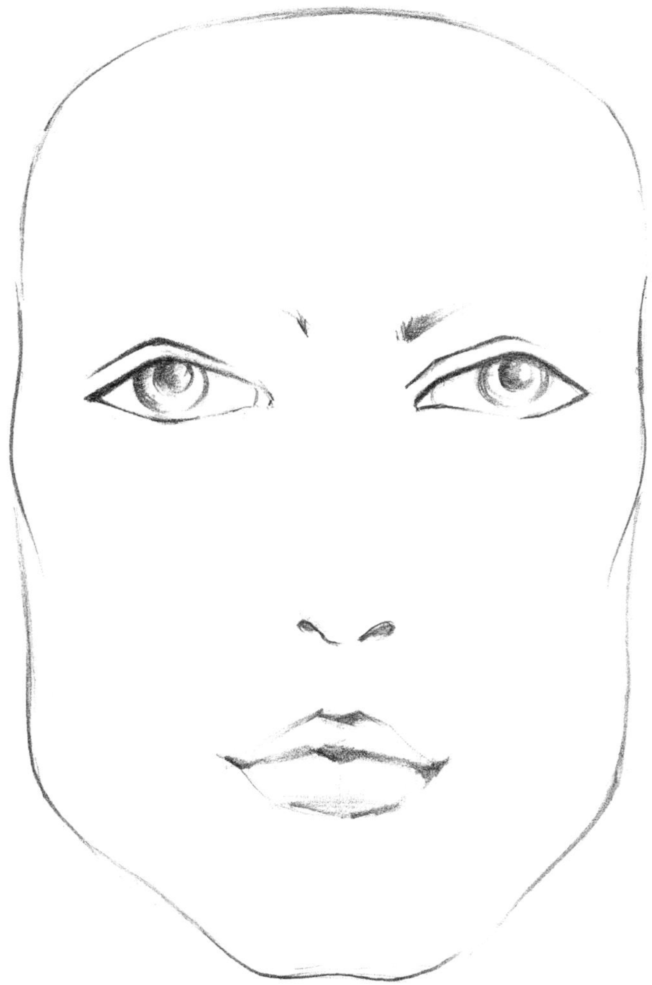

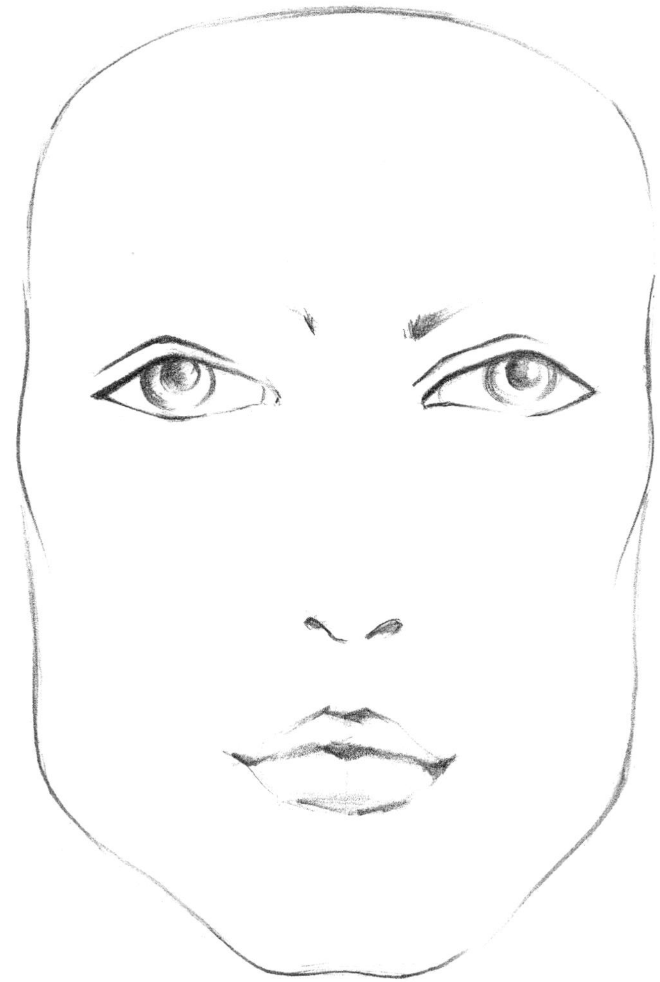

Round Face

Long Face

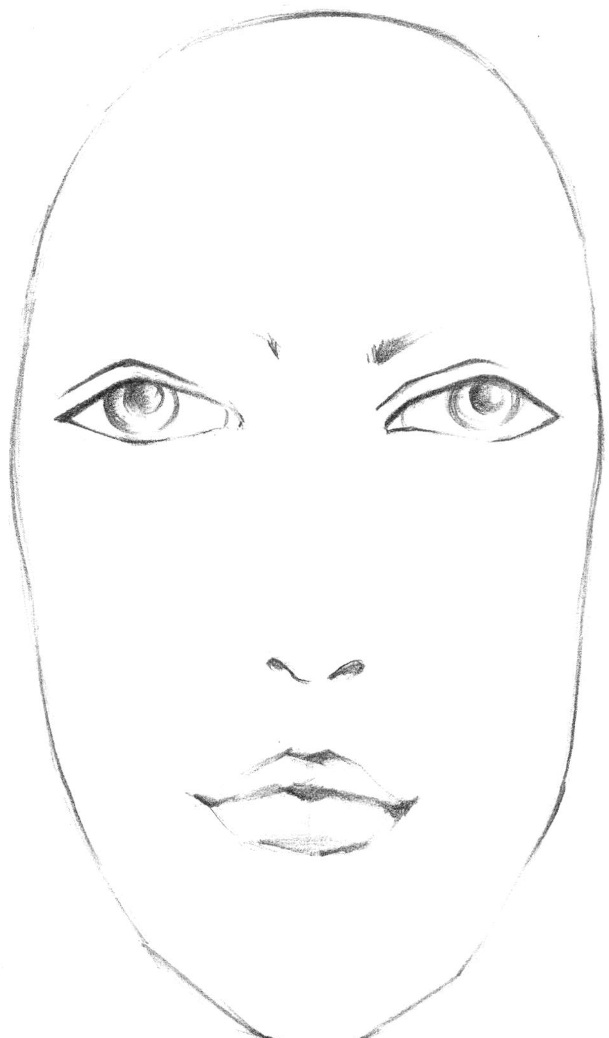

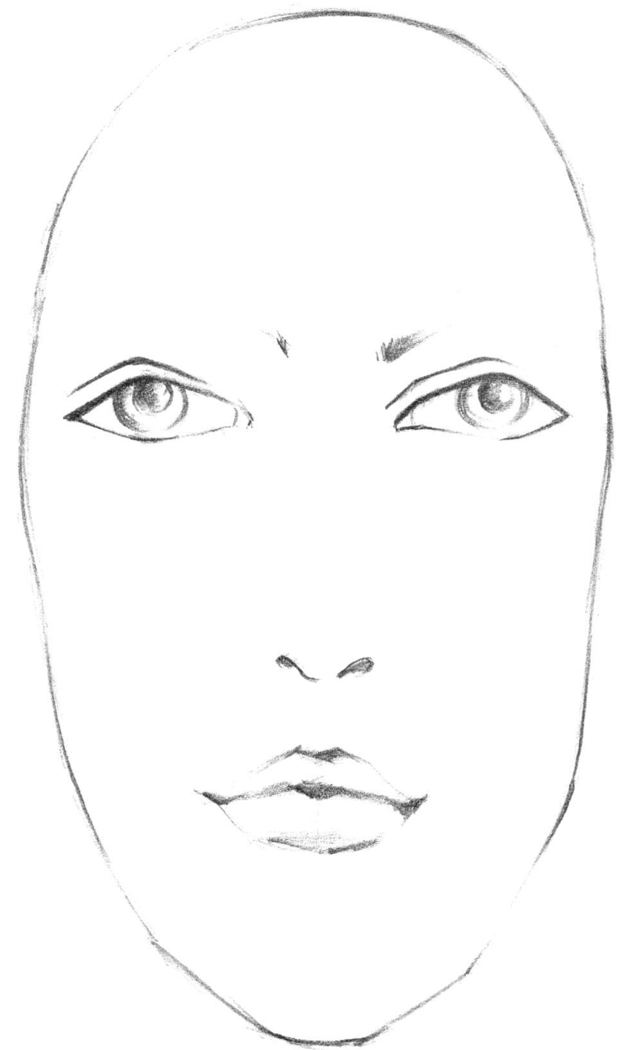

Heart Face

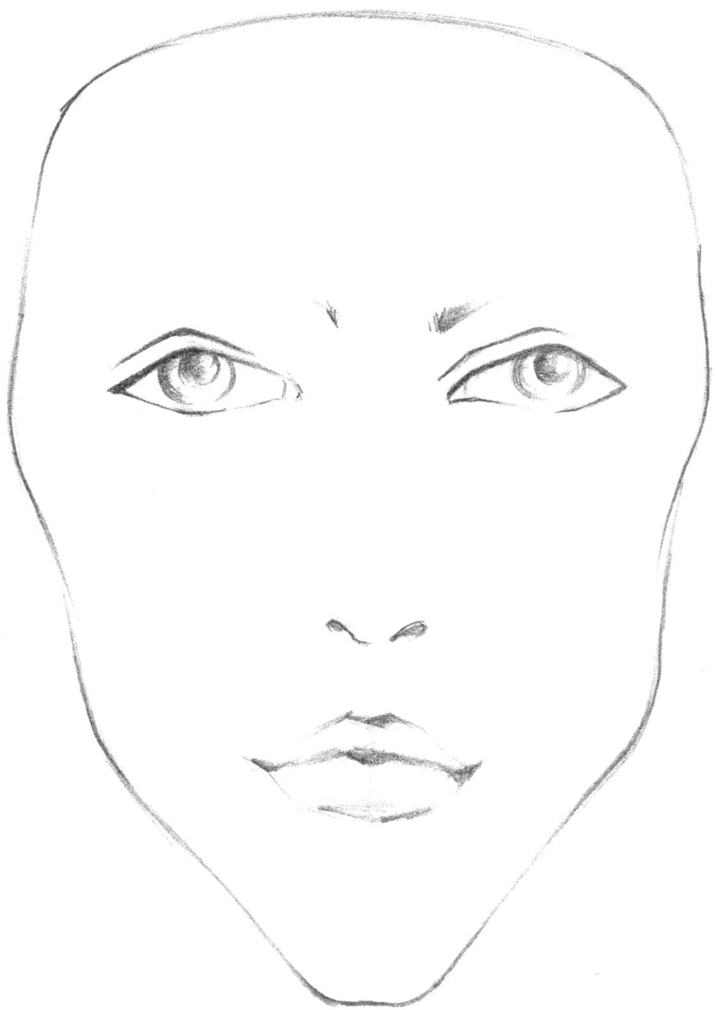

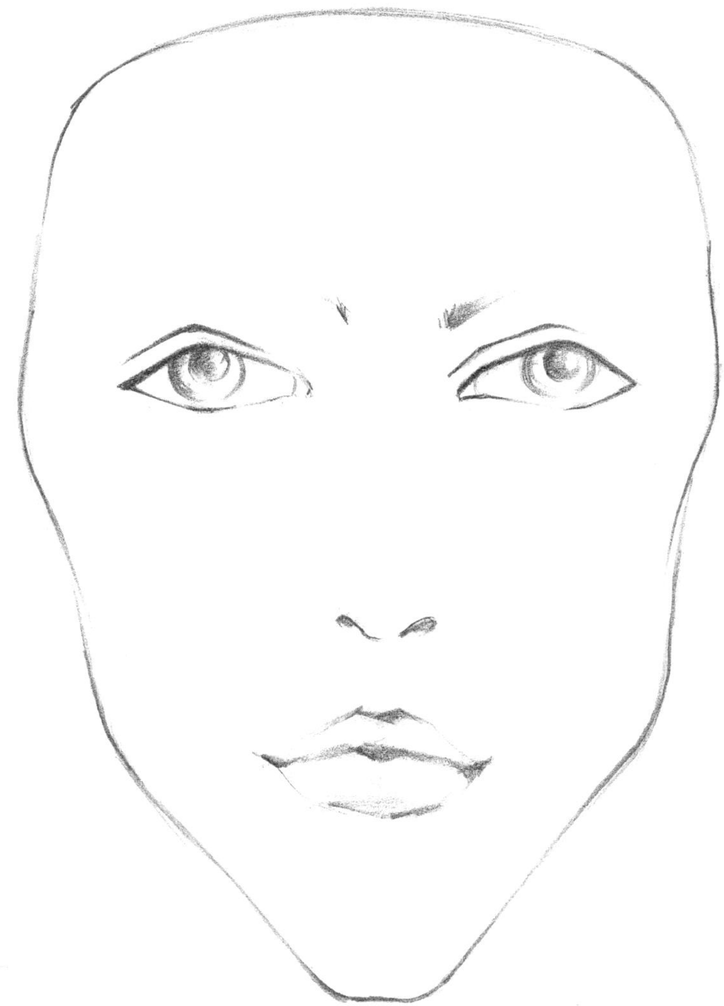

Diamond Face

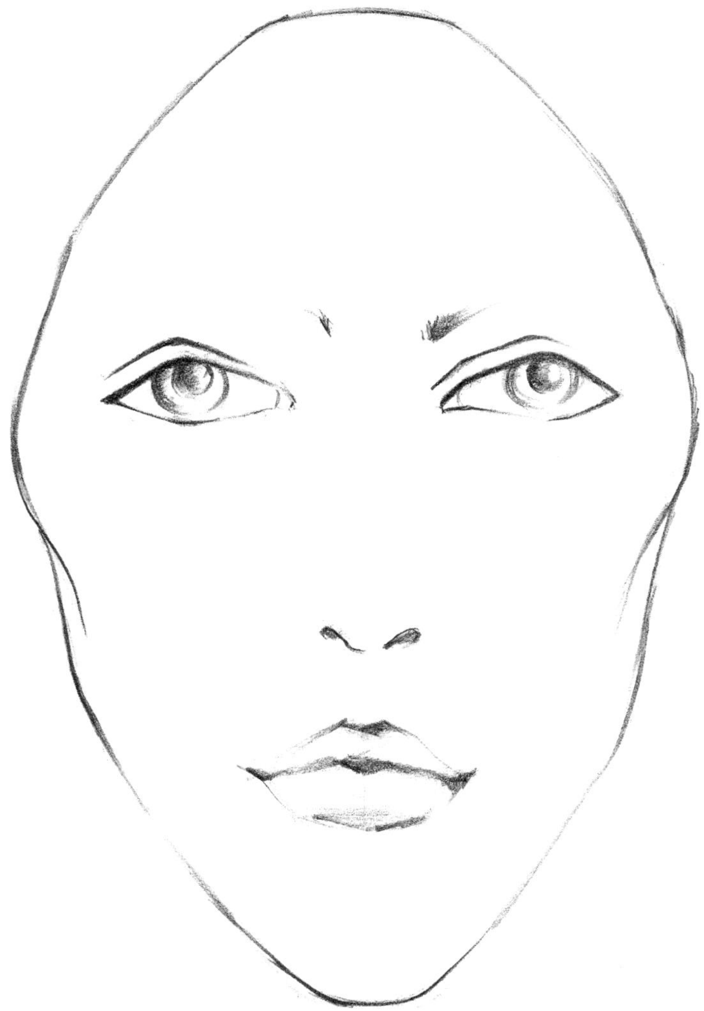

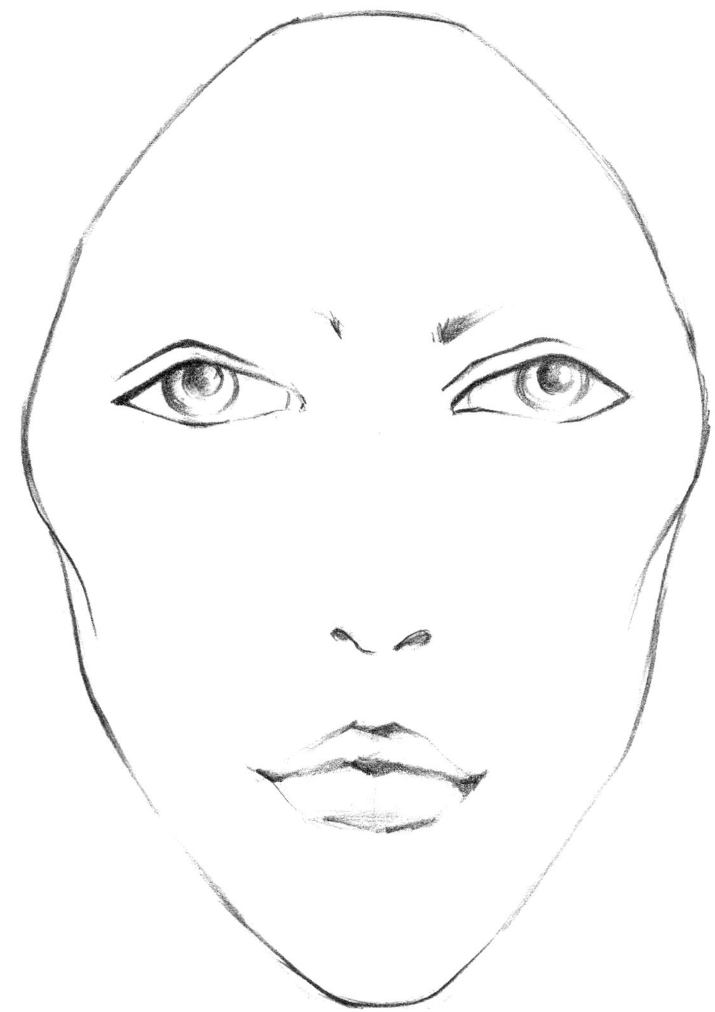

Face Design

Face Design

Tittle :

Base :

Eye :

Blusher :

Lip :

FACE DESIGN

Tittle :

Base :

Eye :

Blusher :

Lip :

Face Design

Tittle :

Base :

Eye :

Blusher :

Lip :

FACE DESIGN

Tittle :

Base :

Eye :

Blusher :

Lip :

Face Design

Tittle :

Base :

Eye :

Blusher :

Lip :

Face Design

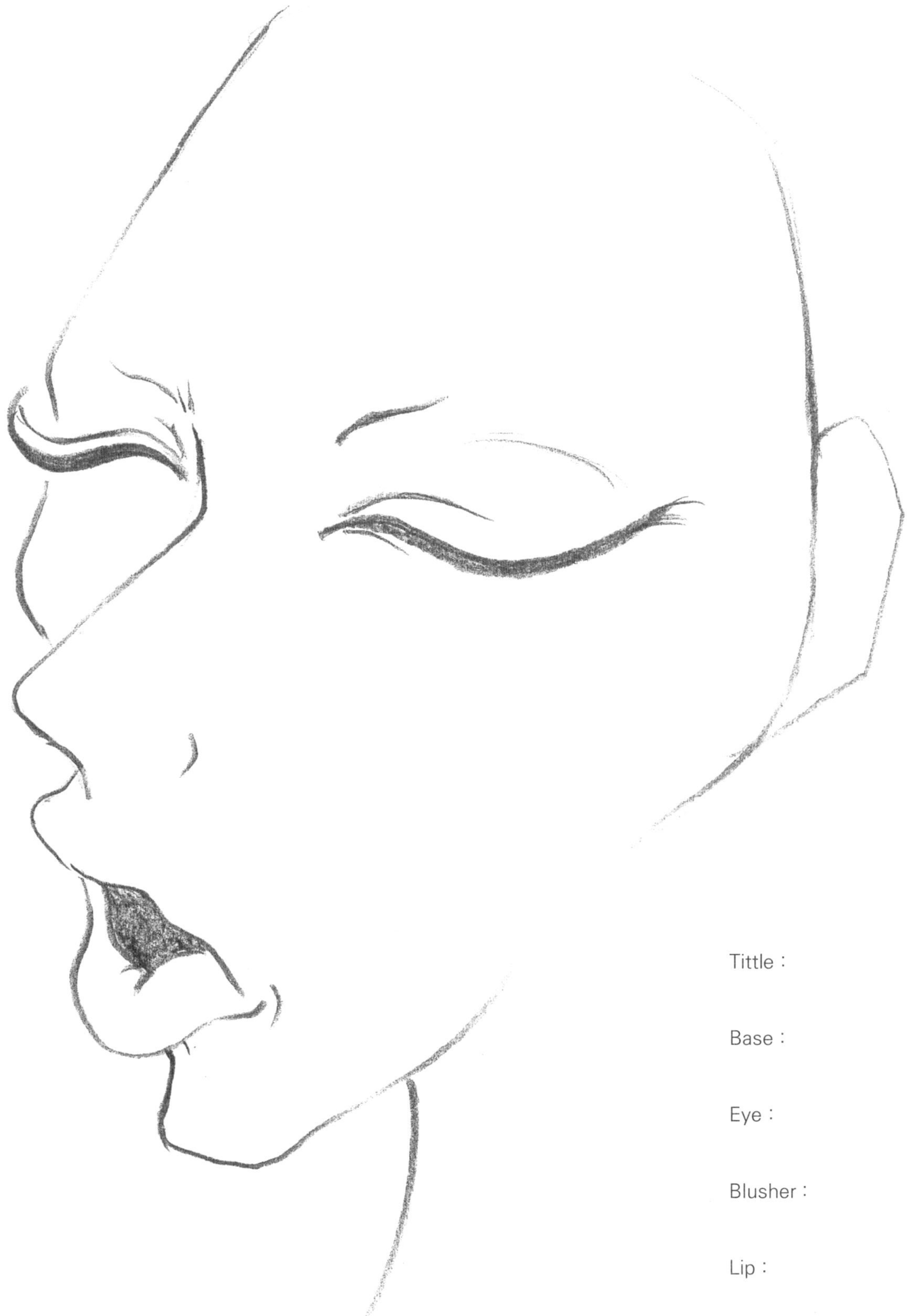

Tittle :

Base :

Eye :

Blusher :

Lip :

Face Design

Tittle :

Base :

Eye :

Blusher :

Lip :

Face Design

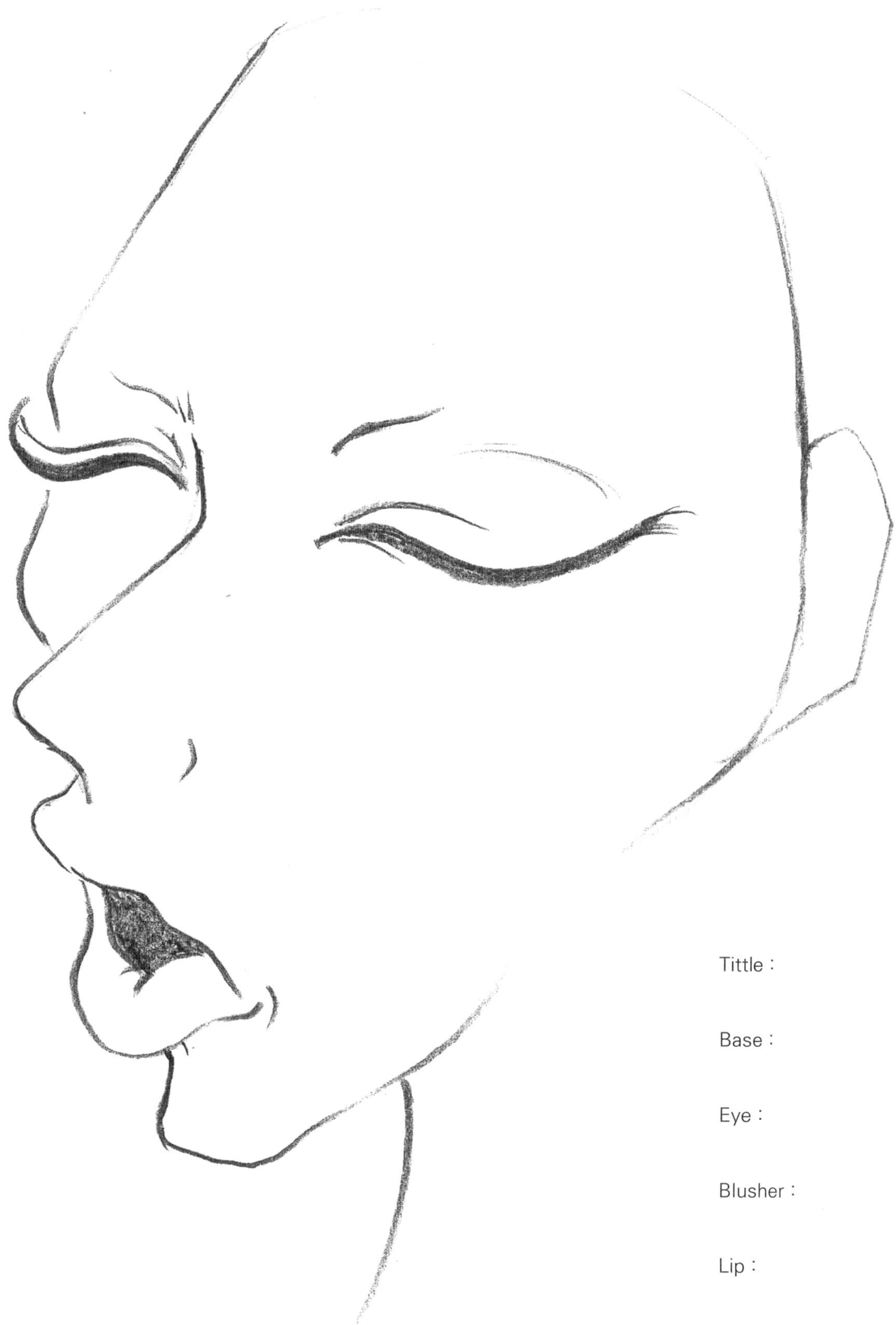

Tittle :

Base :

Eye :

Blusher :

Lip :

FACE DESIGN

Tittle :

Base :

Eye :

Blusher :

Lip :

Face Design

Tittle :

Base :

Eye :

Blusher :

Lip :

Face Design

Tittle :

Base :

Eye :

Blusher :

Lip :

Face Design

Tittle :

Base :

Eye :

Blusher :

Lip :

Face Design

Tittle :

Base :

Eye :

Blusher :

Lip :

Face Design

Tittle :

Base :

Eye :

Blusher :

Lip :

Face Design

Tittle :

Base :

Eye :

Blusher :

Lip :

Face Design

Tittle :

Base :

Eye :

Blusher :

Lip :

Face Design

Tittle :

Base :

Eye :

Blusher :

Lip :

Face Design

Tittle :

Base :

Eye :

Blusher :

Lip :

FACE DESIGN

Tittle :

Base :

Eye :

Blusher :

Lip :

Face Design

Tittle :

Base :

Eye :

Blusher :

Lip :

Face Design

Tittle :

Base :

Eye :

Blusher :

Lip :

FACE DESIGN

Tittle :

Base :

Eye :

Blusher :

Lip :

Face Design

Tittle :

Base :

Eye :

Blusher :

Lip :

Face Design

Tittle :

Base :

Eye :

Blusher :

Lip :

Face Design

Tittle :

Base :

Eye :

Blusher :

Lip :

Face Design

Tittle :

Base :

Eye :

Blusher :

Lip :

Face Design

Tittle :

Base :

Eye :

Blusher :

Lip :

FACE DESIGN

Tittle :

Base :

Eye :

Blusher :

Lip :

Face Design

Tittle :

Base :

Eye :

Blusher :

Lip :

Face Design

Tittle :

Base :

Eye :

Blusher :

Lip :

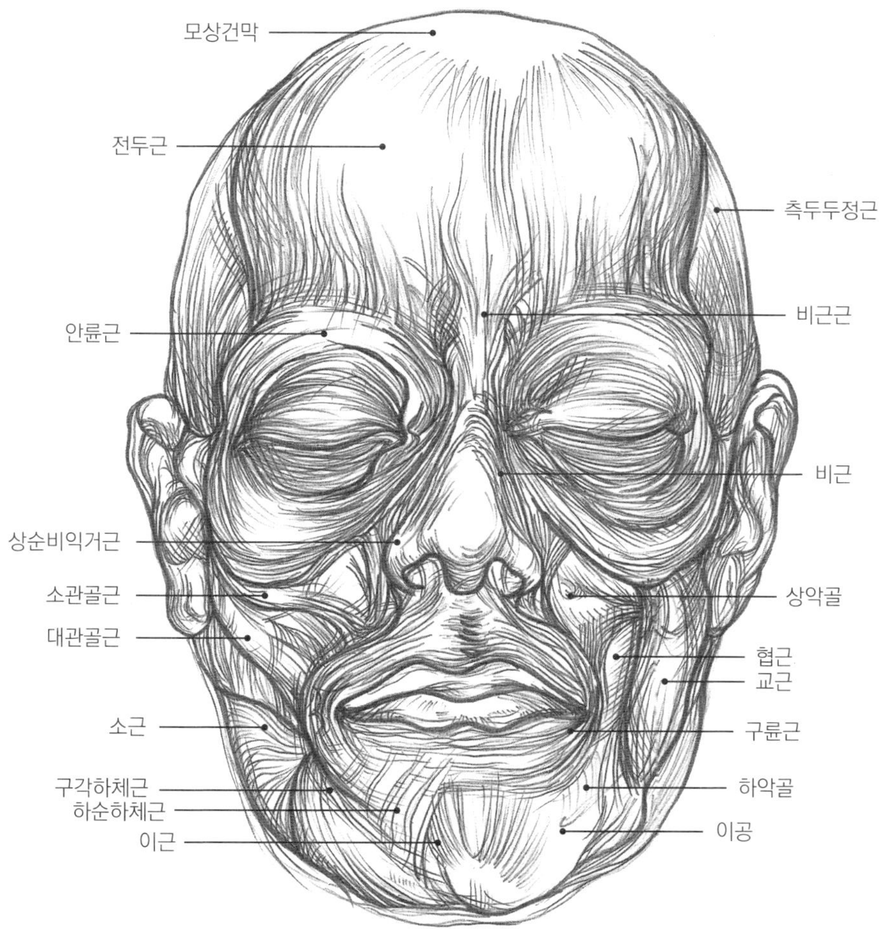

모상건막
전두근
측두두정근
안륜근
비근근
비근
상순비익거근
소관골근
상악골
대관골근
협근
교근
소근
구륜근
구각하체근
하악골
하순하체근
이공
이근

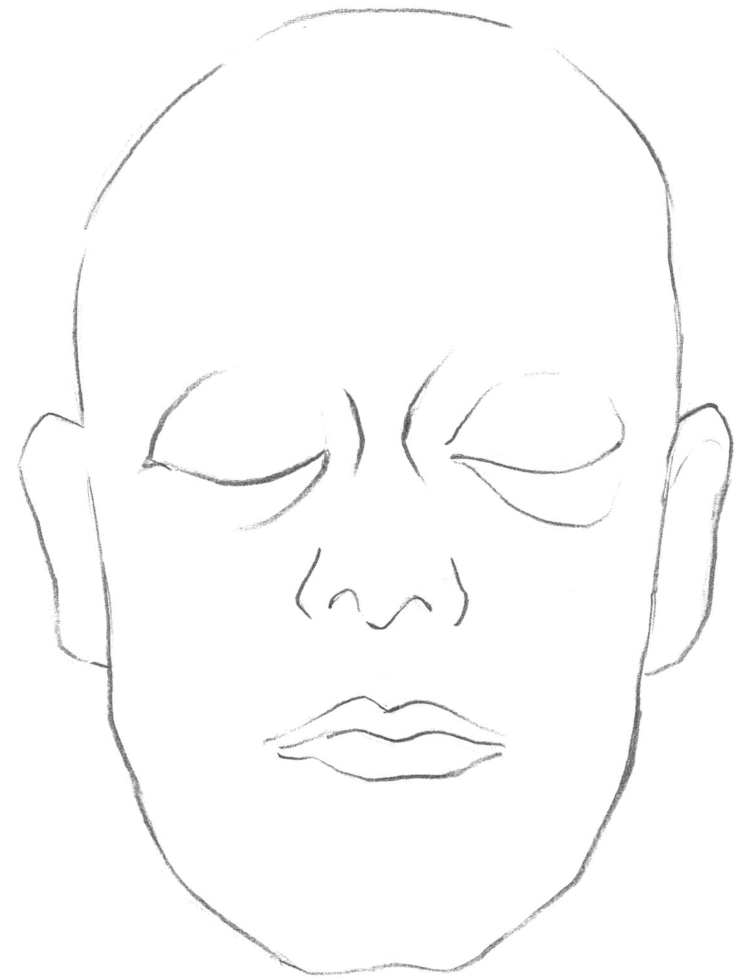

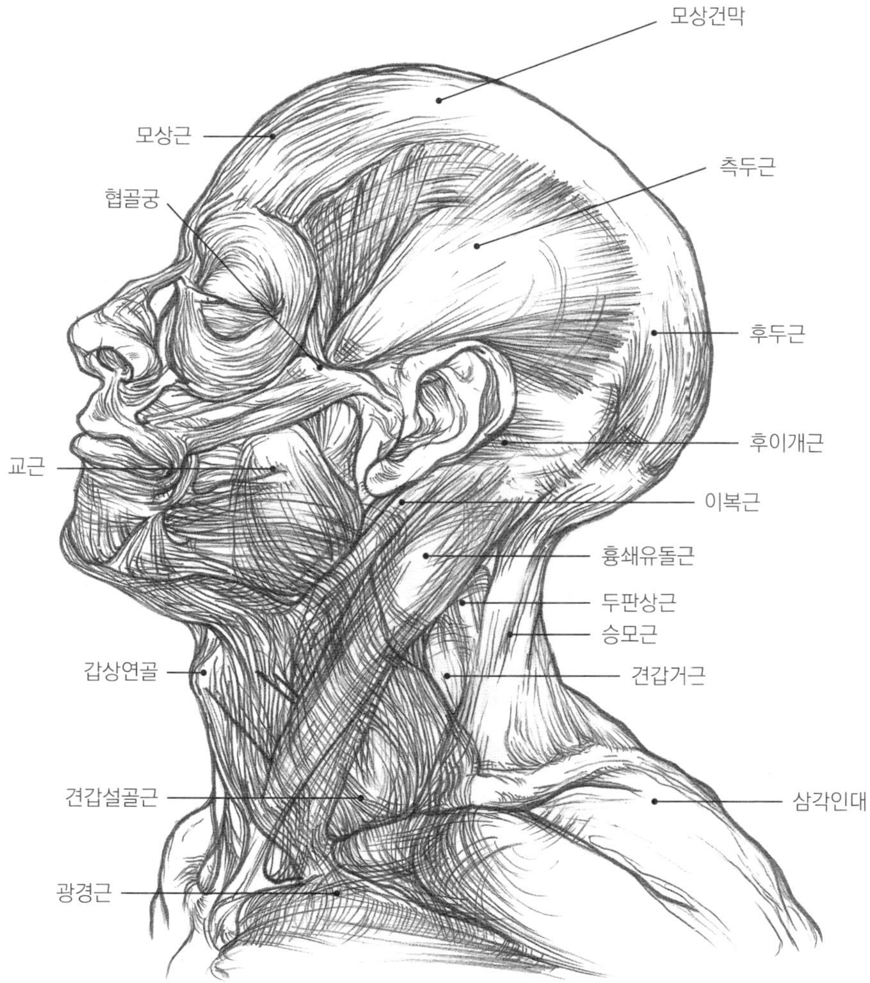
모상건막
모상근
측두근
협골궁
후두근
후이개근
교근
이복근
흉쇄유돌근
두판상근
승모근
갑상연골
견갑거근
견갑설골근
삼각인대
광경근

Art Mask

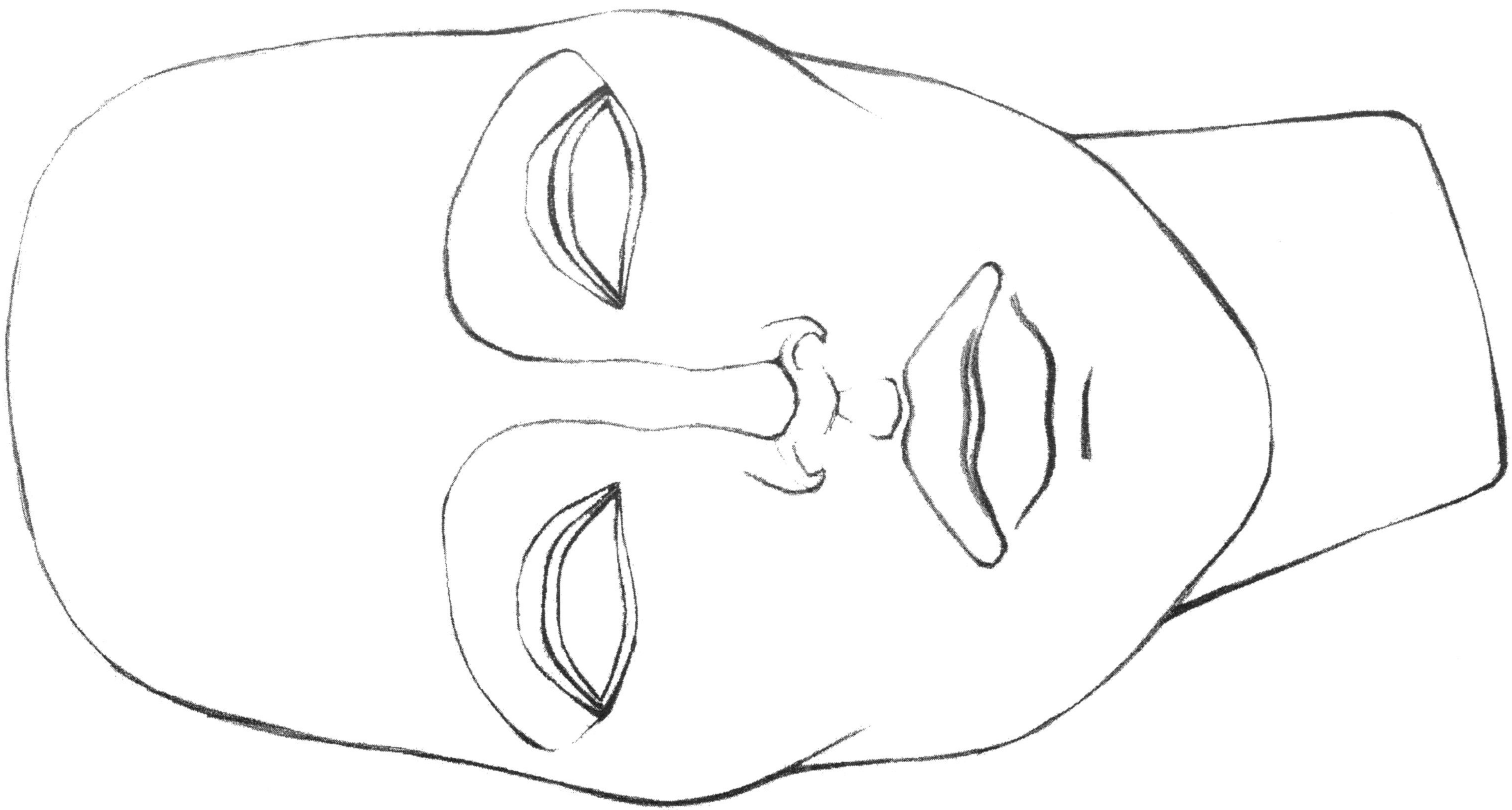

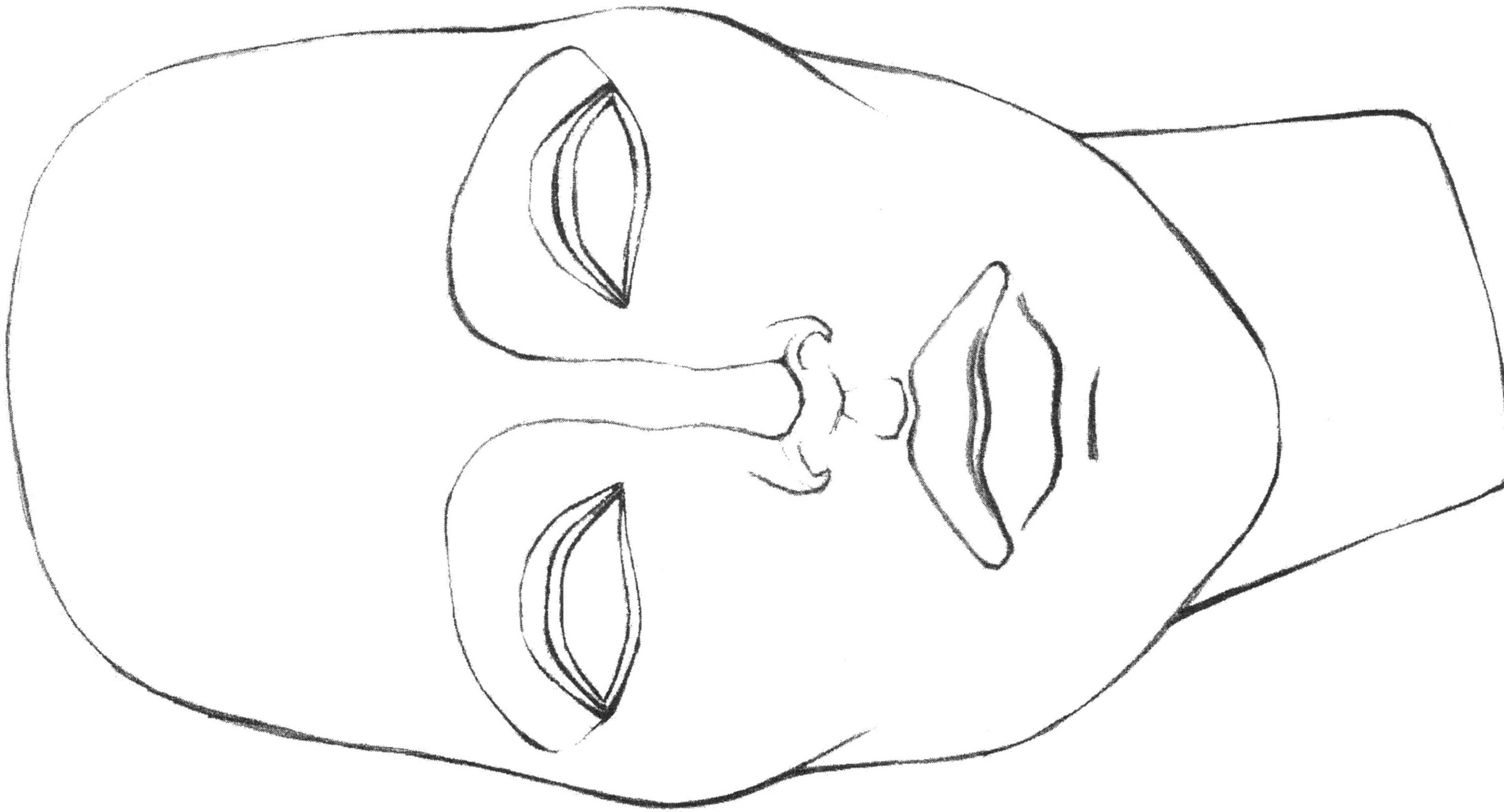

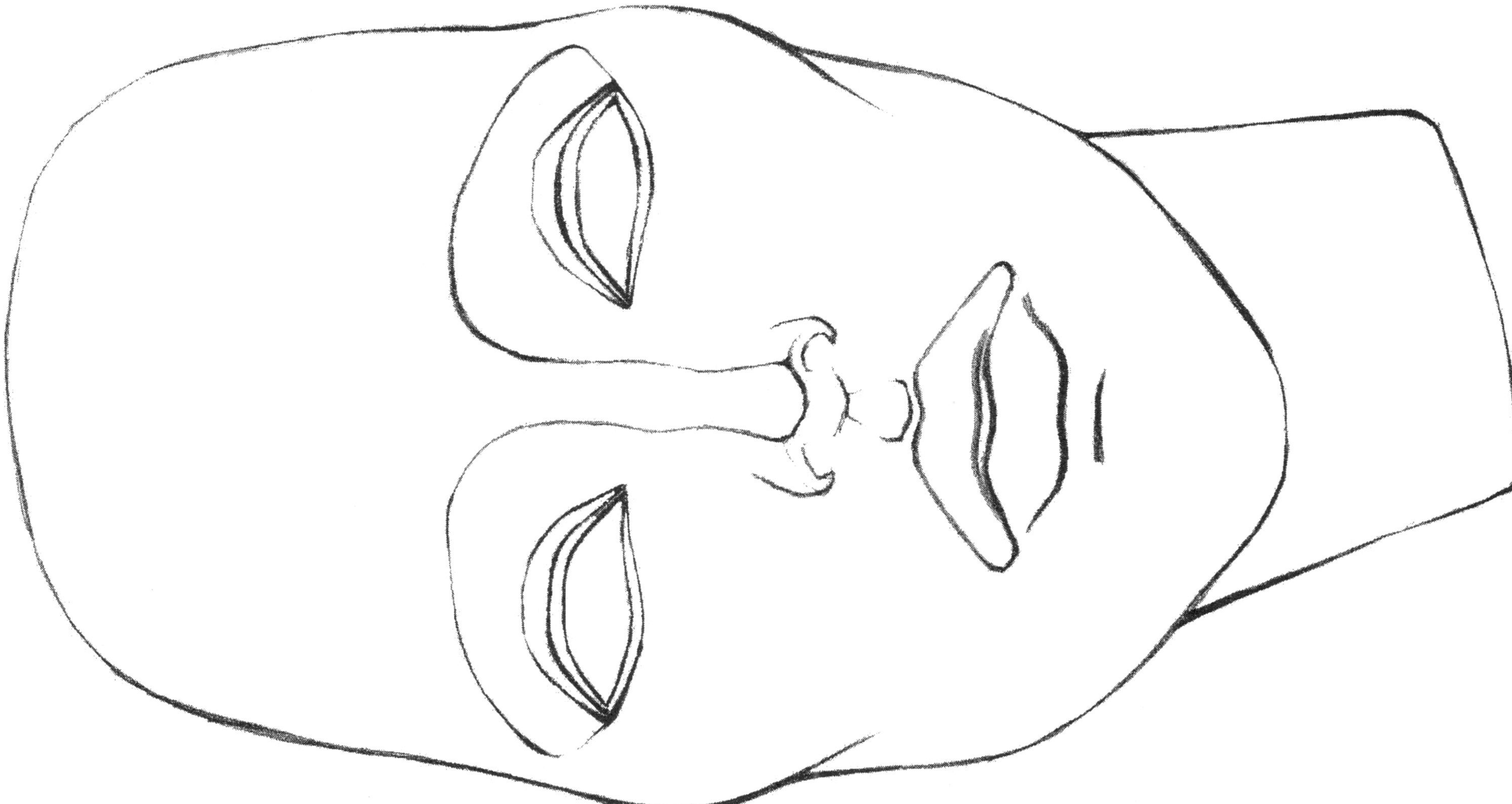

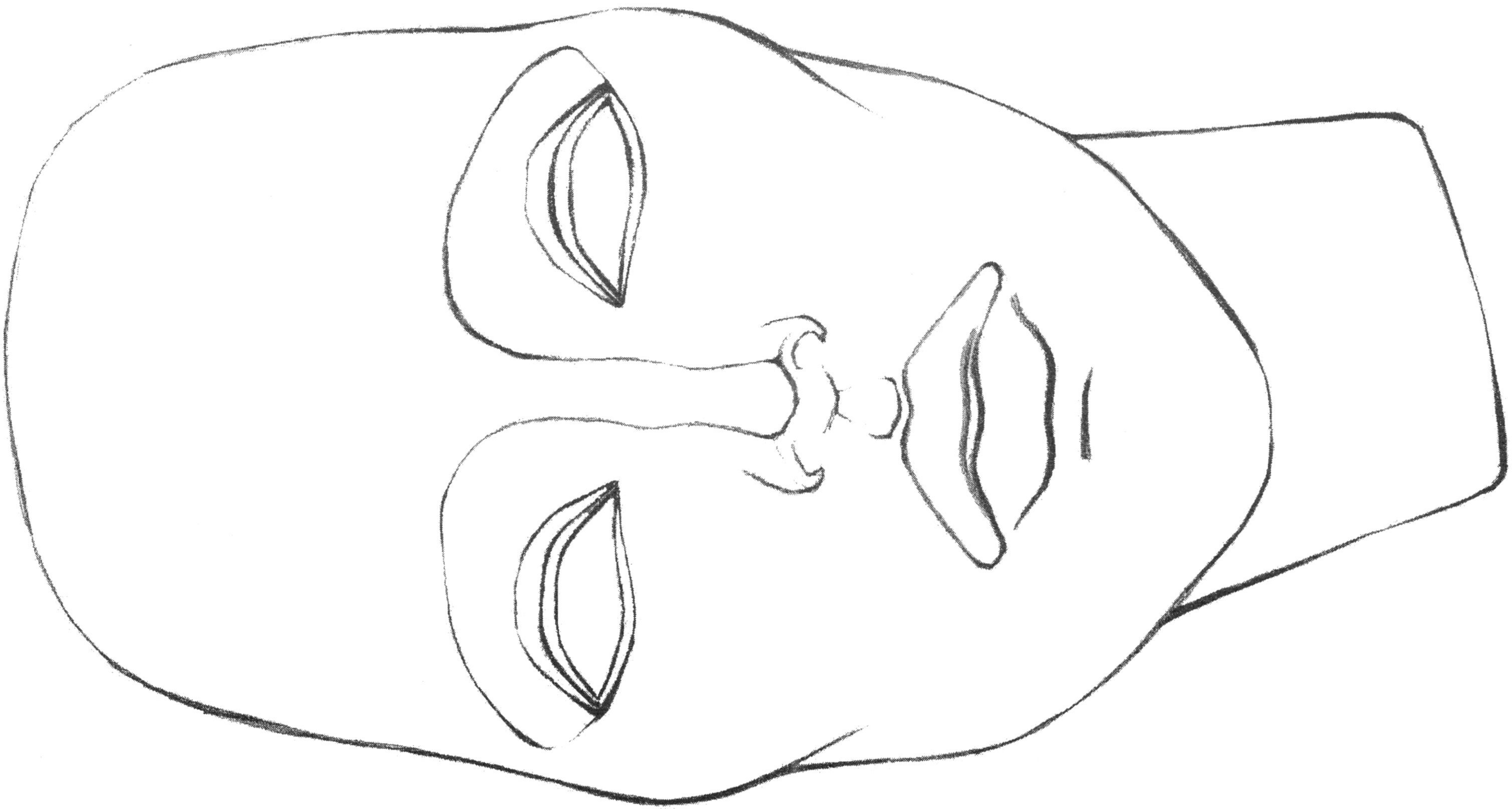

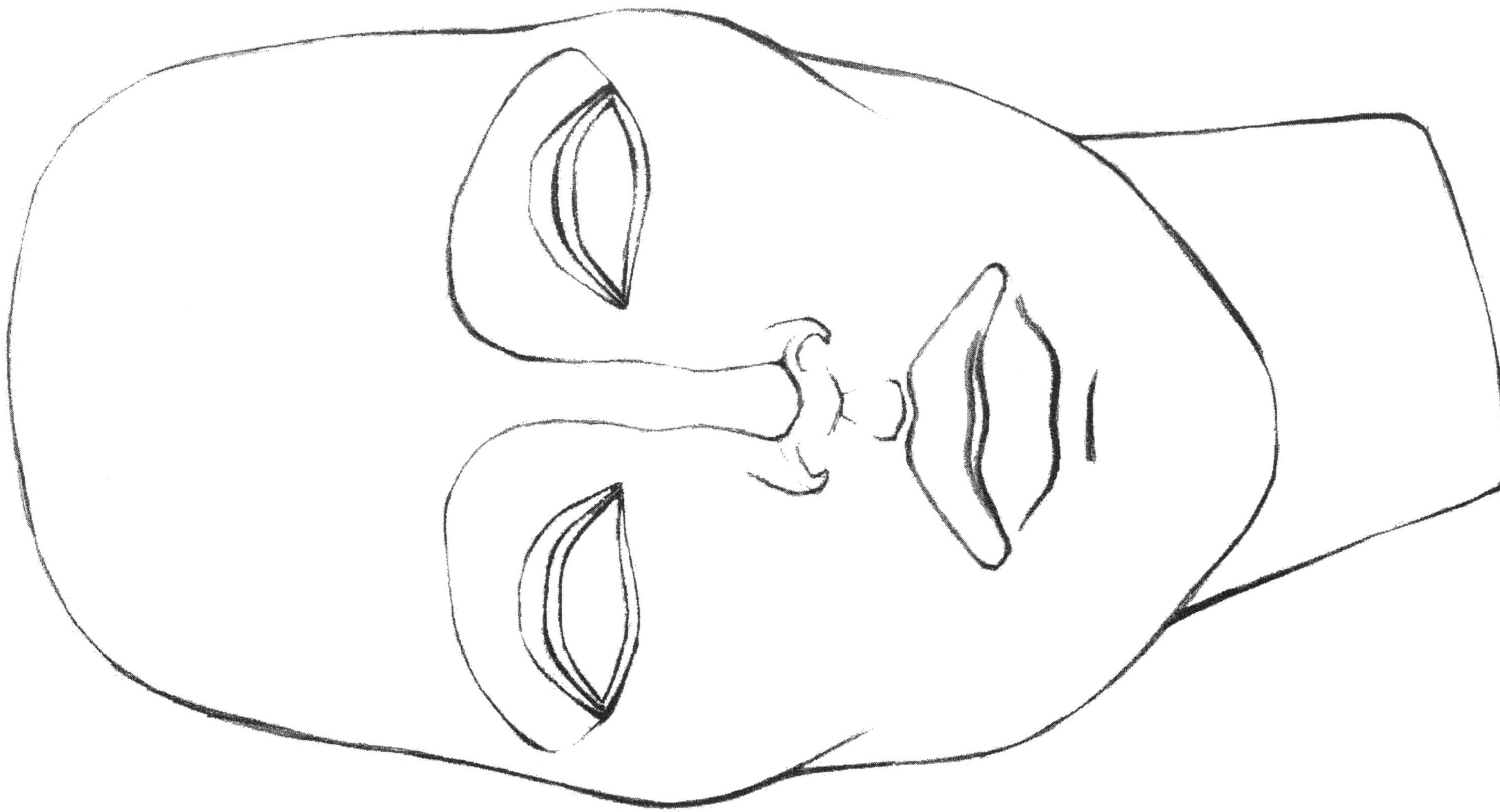

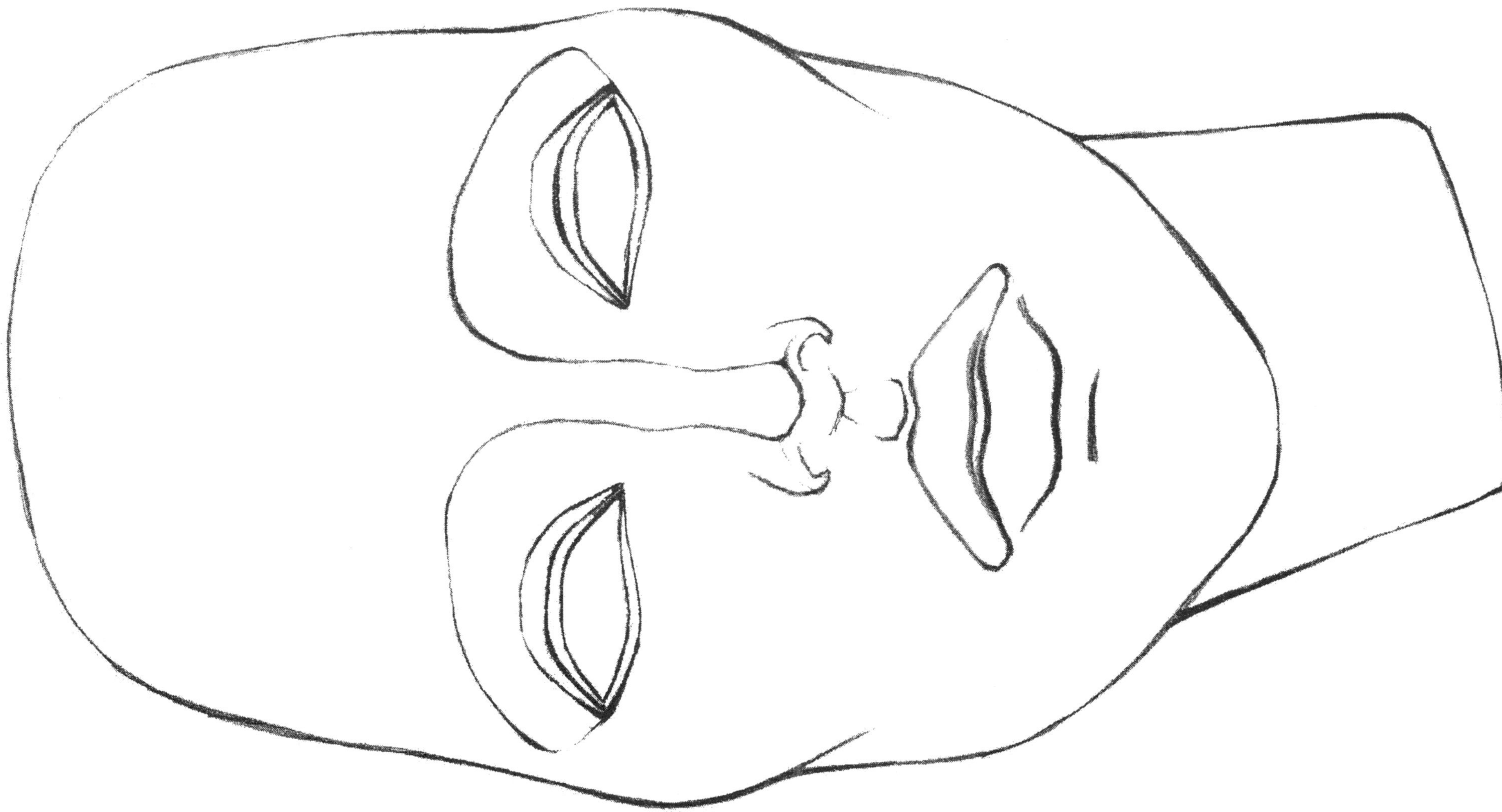

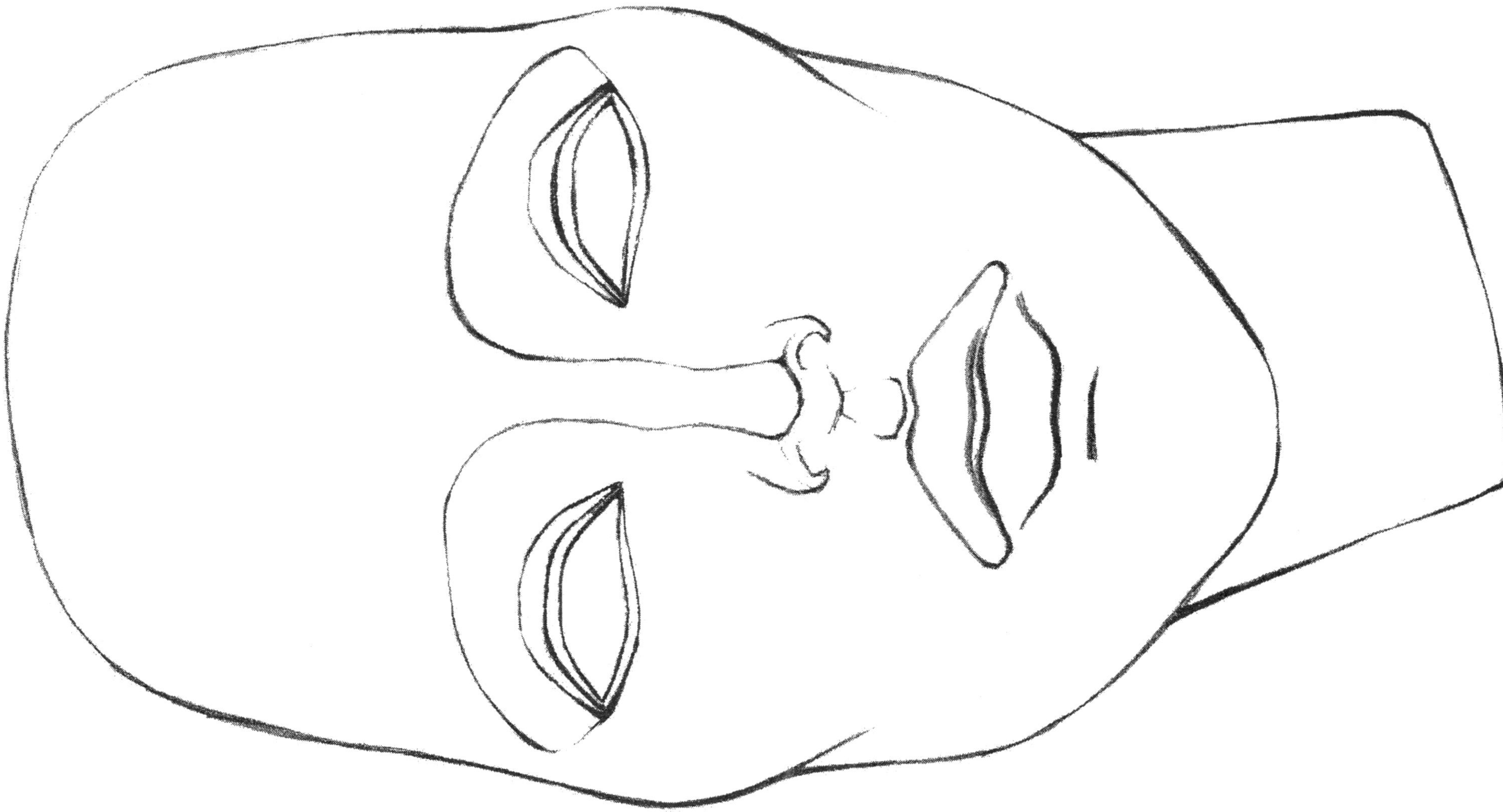

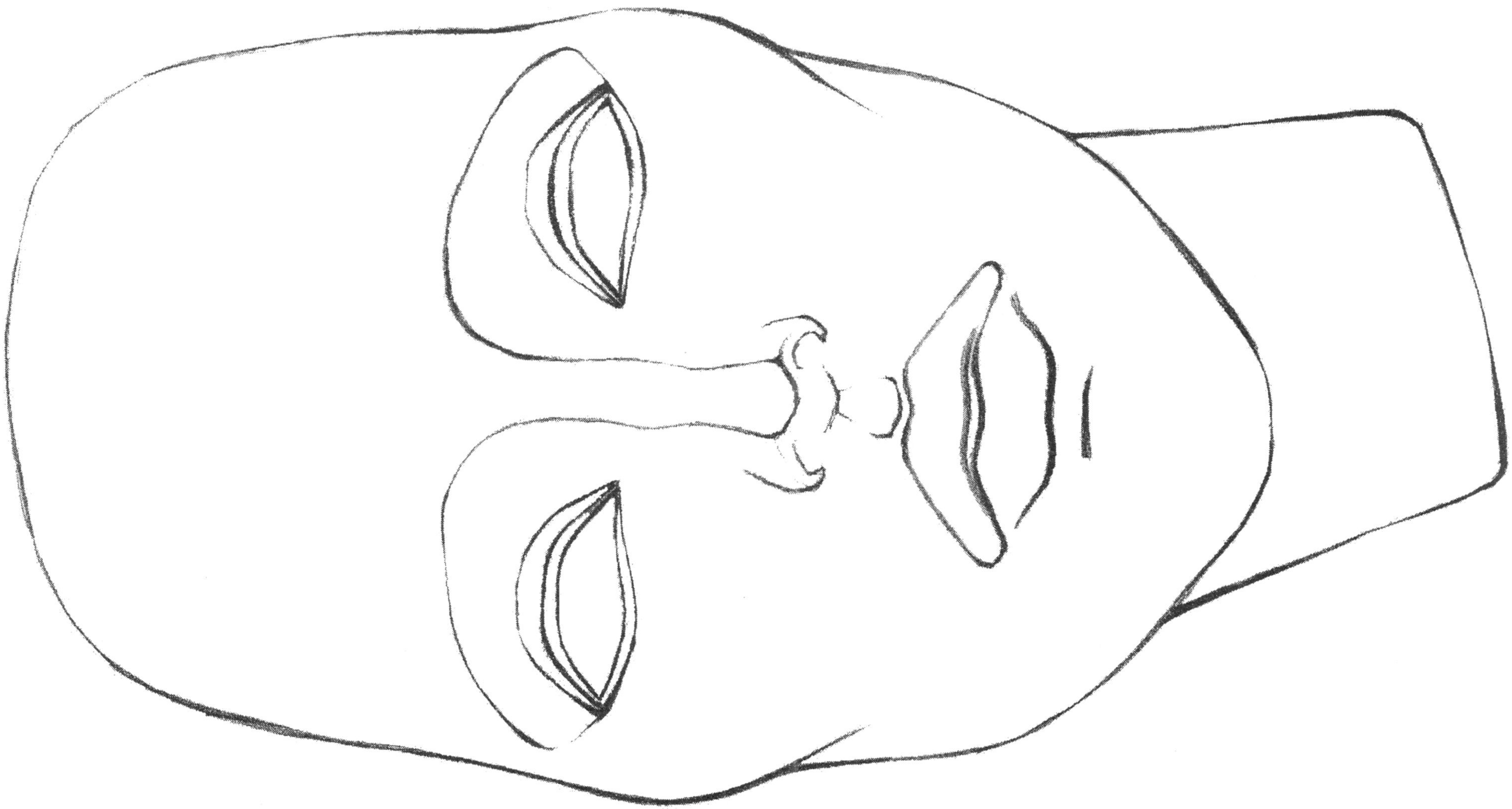

Body Art

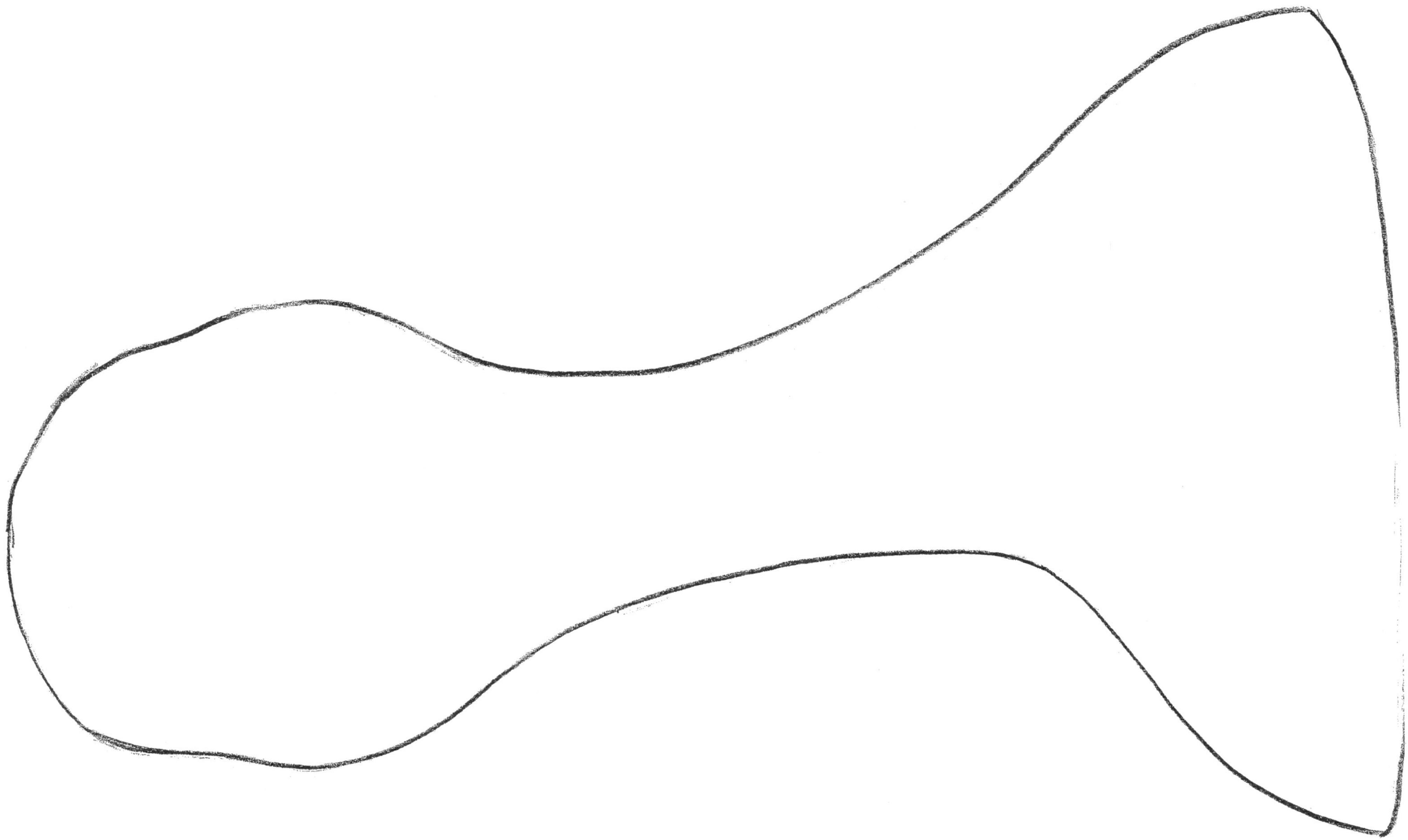

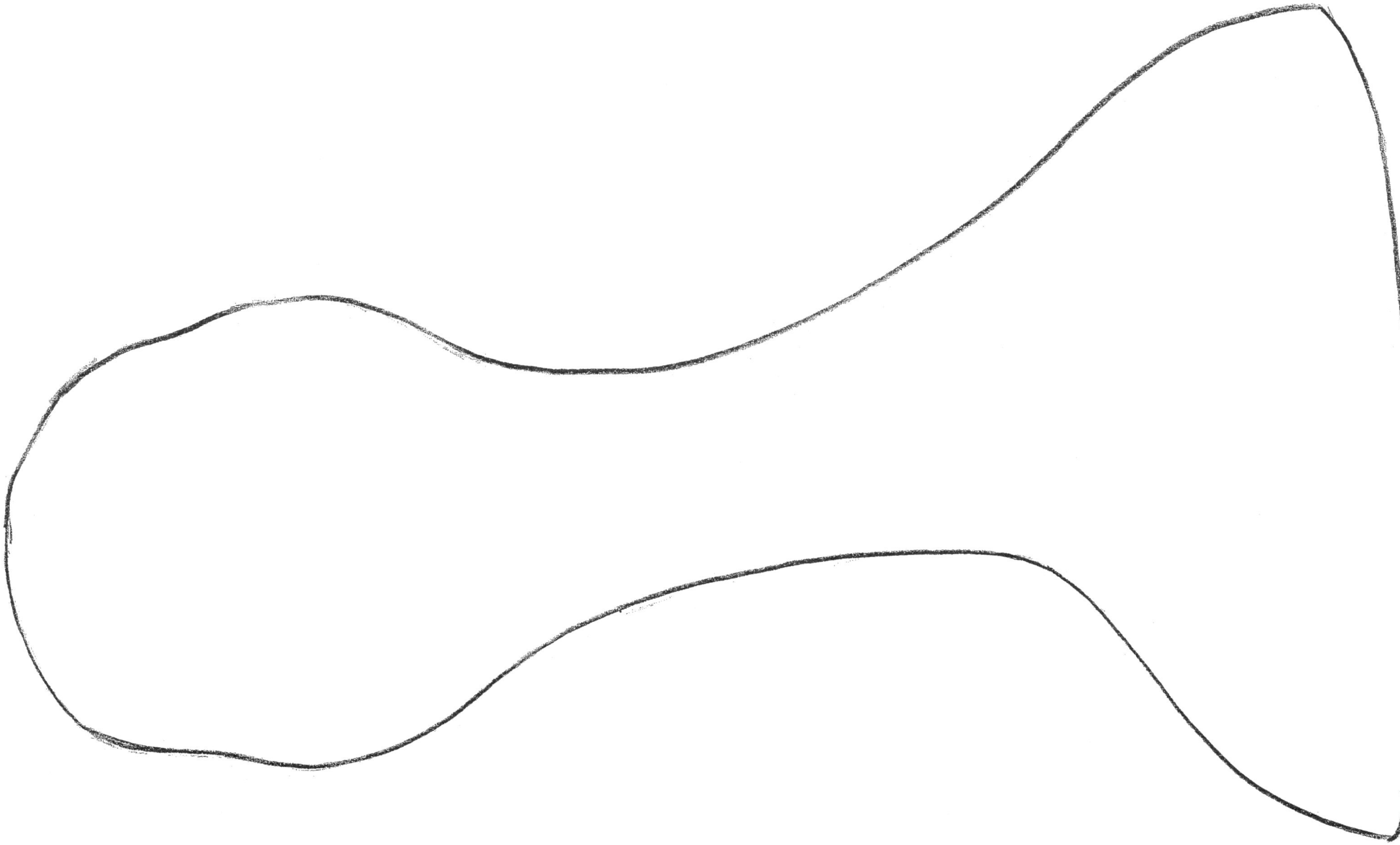

Body Art

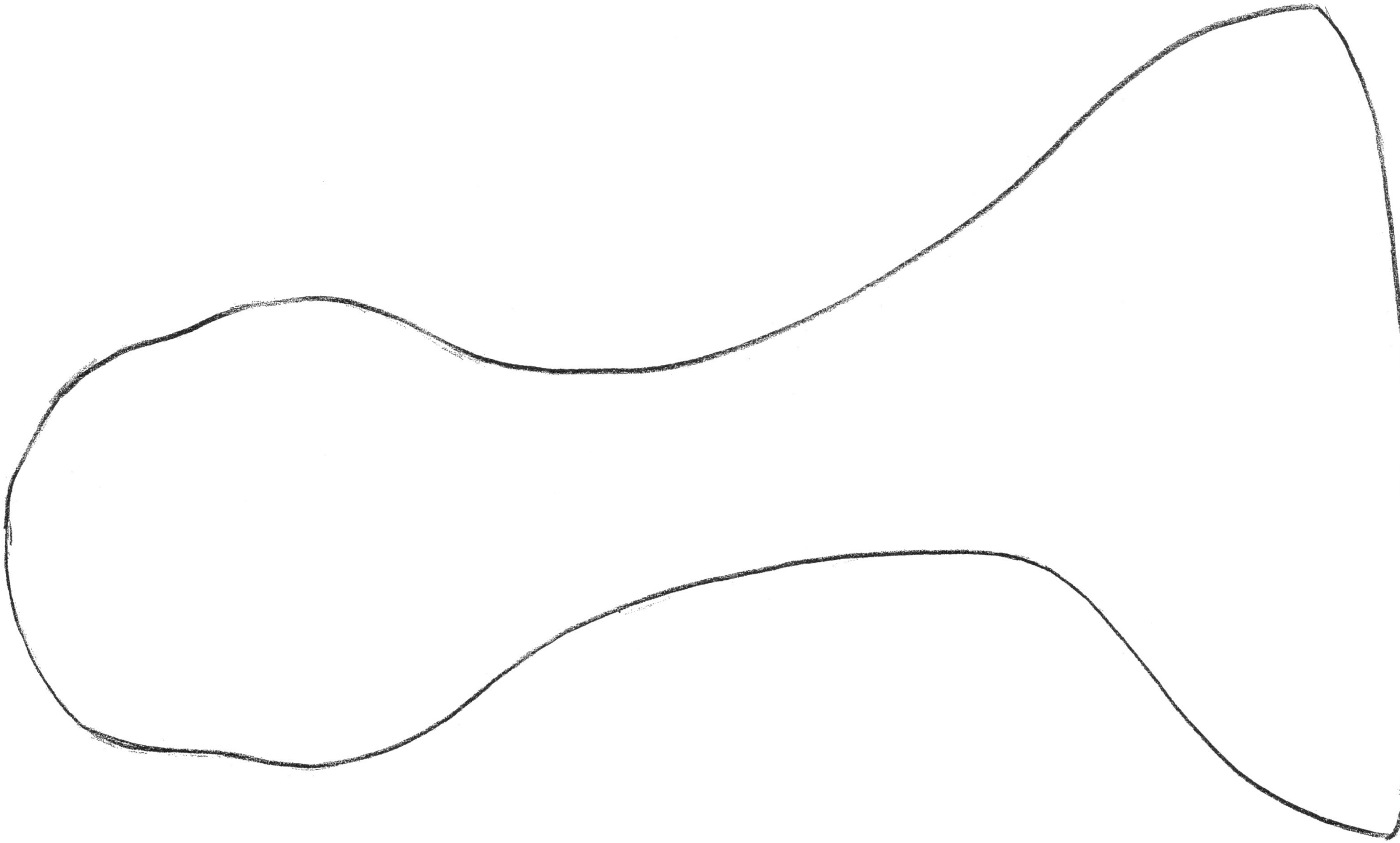

Body Art

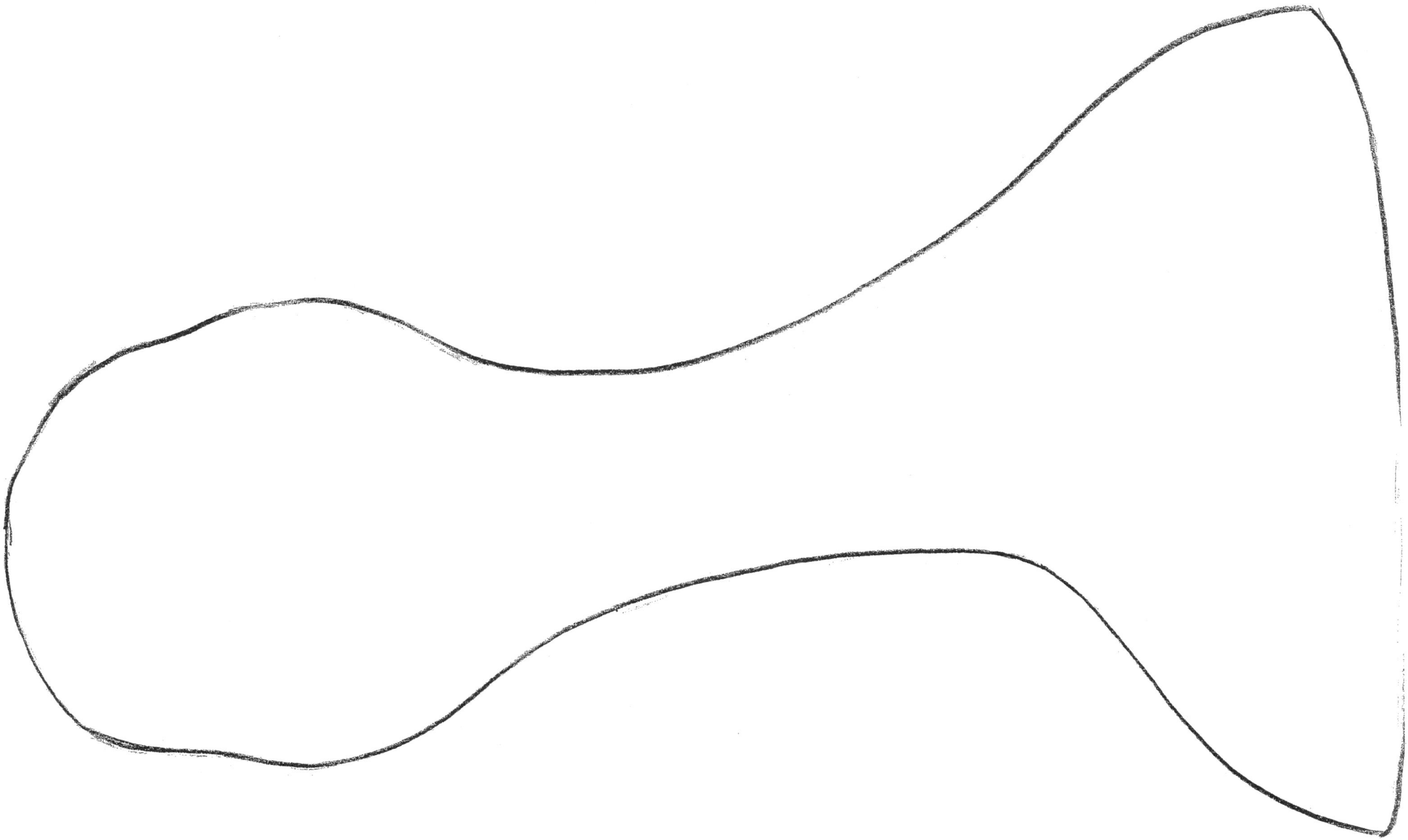

Body Art

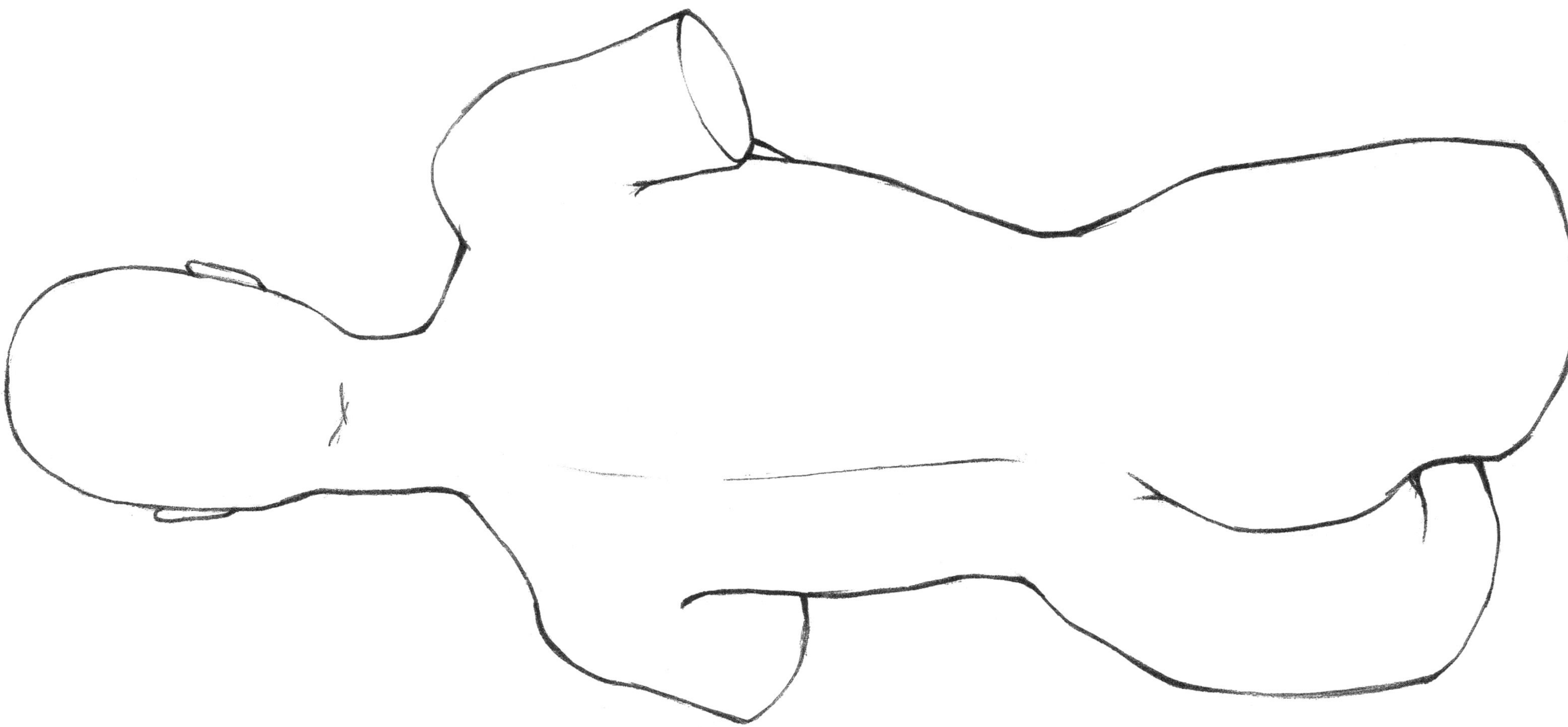

BODY ART

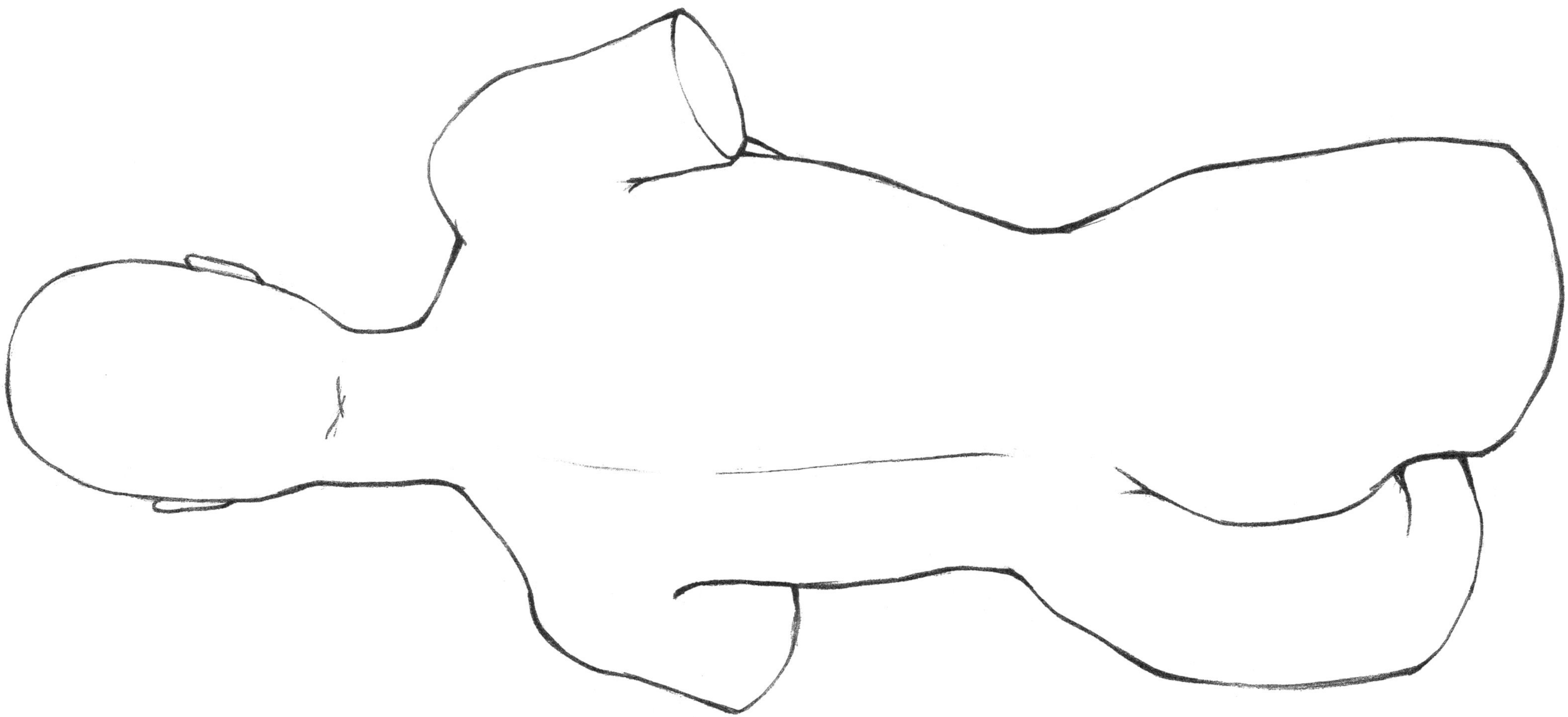

Body Art

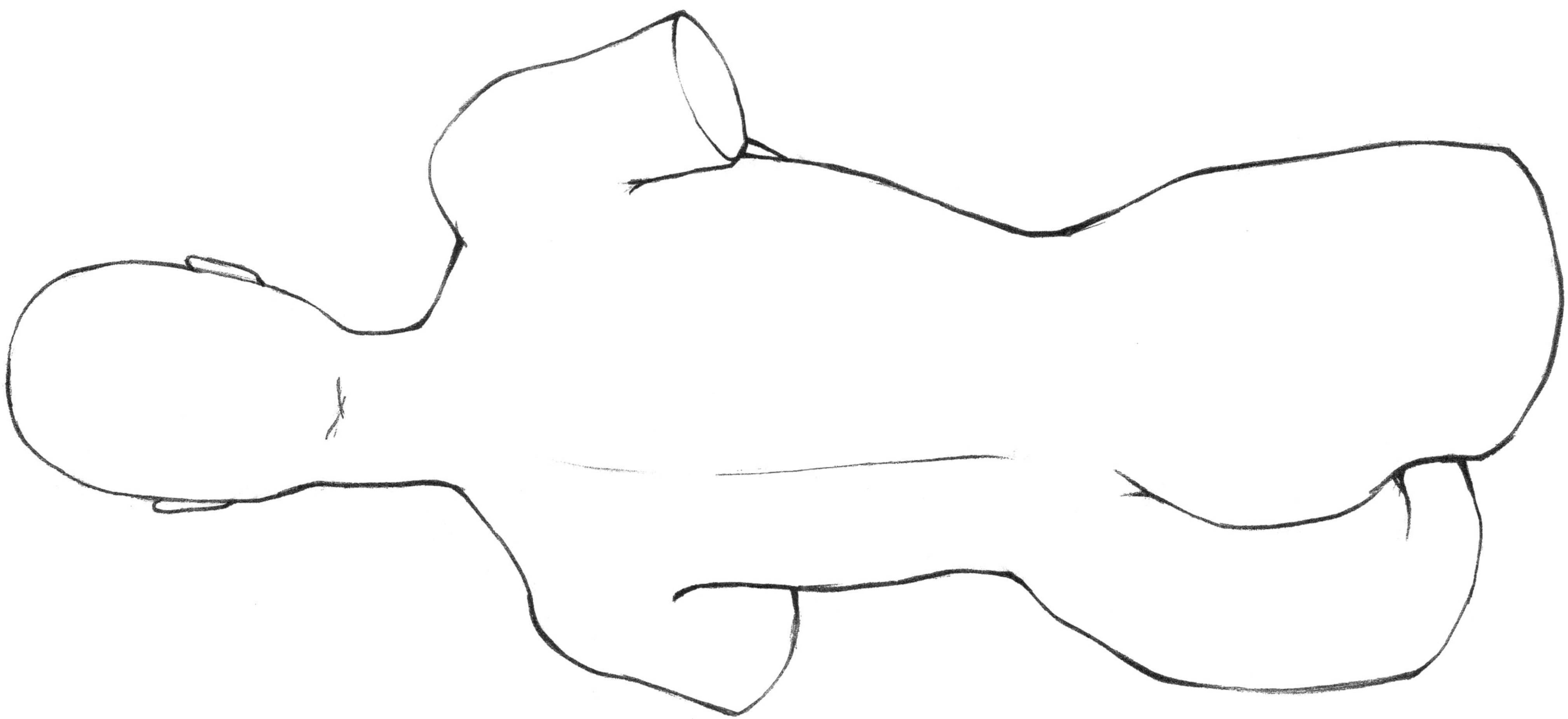

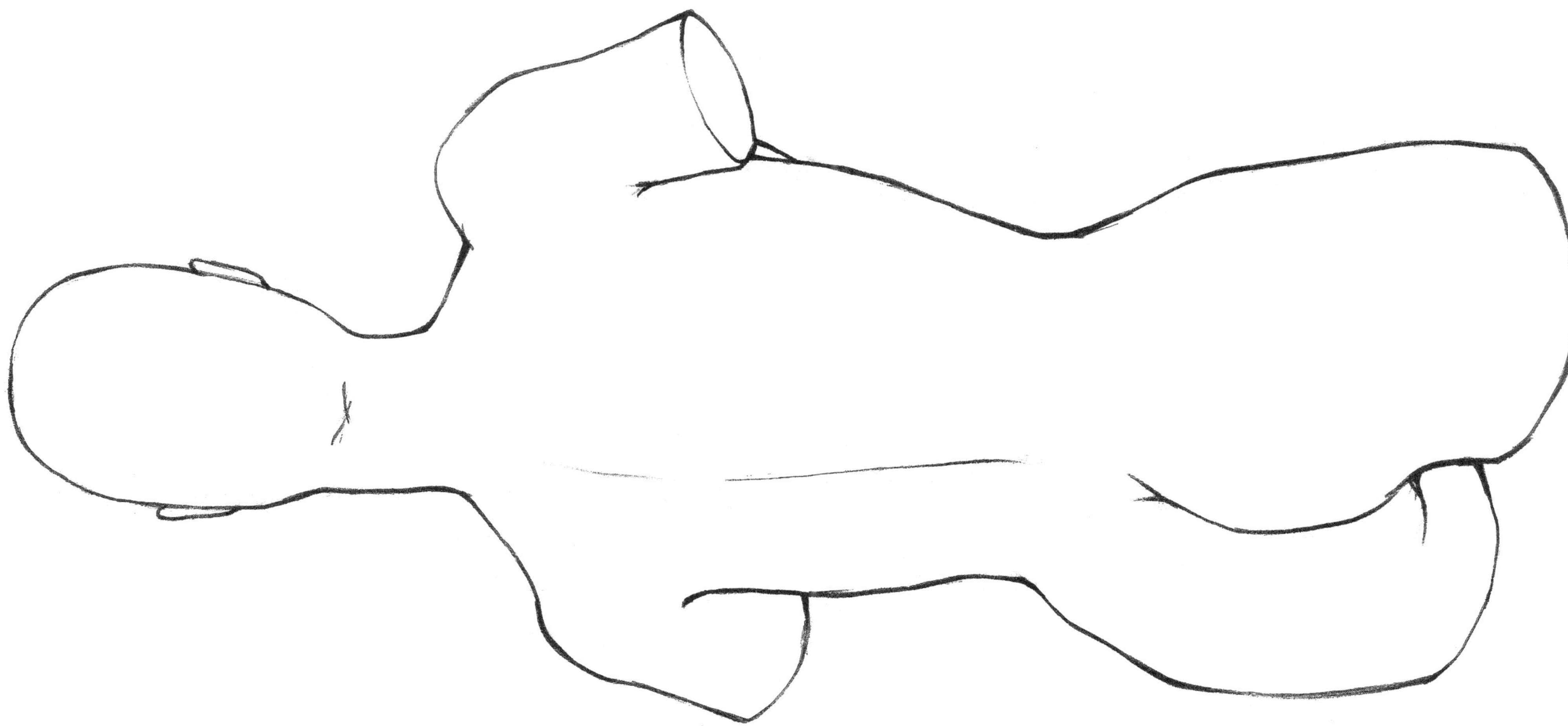

Makeup Design Book

2016년 3월 10일 초판 인쇄
2016년 3월 20일 초판 발행

지은이 : 김선영, 이경은
펴낸이 : 이상태
펴낸곳 : 청구문화사
주 소 : (03706) 서울특별시 서대문구 성산로11길 15
전 화 : 02-332-0541(代) FAX : 02-337-9577
등 록 : 1990년 11월 2일 제9-247호

가격 18,000원

ISBN 978-89-5616-700-8 93590

※ 낙장이나 파본은 교환해 드립니다.
※ 본 도서의 무단복제나 전재를 법으로 금합니다.